猫咪的腔调

石继航◎著

浙江人民出版社

图书在版编目（CIP）数据

猫咪的腔调 / 石继航著. — 杭州 : 浙江人民出版社, 2024. 1
ISBN 978-7-213-11242-3

Ⅰ. ①猫… Ⅱ. ①石… Ⅲ. ①猫—普及读物 Ⅳ. ①Q959. 838-49

中国国家版本馆CIP数据核字(2023)第214734号

猫咪的腔调

石继航　著

出版发行：浙江人民出版社（杭州市体育场路 347 号　邮编：310006）
　　　　　市场部电话：（0571）85061682　85176516
责任编辑：陈　源　李　楠
特约编辑：涂继文
营销编辑：陈雯怡　张紫懿　陈芊如
责任校对：何培玉
责任印务：幸天骄
封面设计：蔡小波封面设计
电脑制版：北京之江文化传媒有限公司
印　　刷：杭州富春印务有限公司
开　　本：880 毫米 ×1230 毫米　1/32　　印　　张：6.5
字　　数：126 千字　　插　　页：2
版　　次：2024 年 1 月第 1 版　　印　　次：2024 年 1 月第 1 次印刷
书　　号：ISBN 978-7-213-11242-3
定　　价：68.00 元

序　言

懒似林间五白猫

猫，这种动物是一种神奇的存在，从古至今，不知有多少人喜欢它、羡慕它。

一切飞禽走兽，水陆空行，大至牛马猪羊，小至虫蚁飞蛾，哪个比猫过得更自在呢？不像狗狗那样给主人呼来唤去，“猫主子”自在享受，它不仅让“铲屎官”们甘心为它服务，并且还摆出一副孤傲冷峻的姿态。

相比之下，狗狗虽然也惹人怜爱，但由于它的谄媚顺从，就有了狗腿子、狗奴才、狗仗人势等贬义词。正所谓“狗肉上不了桌”，人们对狗就没有对猫那样宠爱有加了。

大多数爱猫人都有一种感觉，即高冷的猫反倒像是需要侍候的主子。即便是在外面风光百倍，到处有人远接高迎、奉为上宾的名人大腕，到了家中也会化身“猫奴”，甘心为它服务。

〔明〕朱瞻基《唐苑嬉春图》（局部）

哪怕工作时它跑到了自己的办公桌上，踩了键盘上的删除键；睡觉时跳到胸上、脸上，扰了你的清梦，你也都一笑了之，倍加宽容。同时心中还会替它辩护：“小猫能有什么坏心思呢？”

那猫为什么能这样招人喜欢呢？不少人觉得是因为“颜值”。比如，有人说：“毛茸茸、胖乎乎，特别是那个软软的肉垫捏在掌心的感觉……还有那个白脖子，那个腋窝，以及比云朵还柔软的肚子，天真的大眼睛……”

固然，猫本身的形貌是让人喜欢的一个重要因素，但我觉得这并非全部。相比之下，小兔子也同样毛茸茸、胖乎乎，有着一双大眼睛——还不像猫那样拥有本属于肉食性动物的尖牙利爪——更符合人畜无害的标准，岂不更具备夺宠的资格？但事实是，我们虽然也偶见有人将兔子当宠物，但丝毫撼动不了猫在宠物界的地位。

究其原因，我觉得猫胜在与人互动的能力上。首先，猫的很多姿势像人，比如枕着枕头四脚朝天睡在自己的小床上，颇有东床坦腹之气度；有时又端坐昂首，似有不怒自威的气场。正如友人形容梁实秋的白猫王子："简直像是一位董事长！"

然而，更重要的是，猫有很多表情变化：它的眼神和肢体动作所表达的情感远远不止喜怒哀乐那么简单。比如你训斥猫时，猫会表现出一脸委屈，还带着一丝敢怒不敢言的姿态，和挨批评的小孩子的神情十分相似。所以有很多朋友把猫的各种神态做成了表情包，十分传神达意。

网上还有一则流传很广的视频，一只猫听到女主人大吵大叫时，爪扶门框，脸上显出惊疑不定的神情，让人觉得它完全可以听懂人话。其实，猫有时候也是会察言观色的。比如，它正想用爪子乱挠沙发时，你突然瞪它一眼，它就会马上知趣地缩回爪子。

猫虽然不如狗狗听话，但经过训练，也可以学会一些技能。比如自己开门、开冰箱之类。甚至还能听懂一些简单的指令。所以，"通人性"这一点，是作为萌宠的关键因素，当黏人的猫亲昵地来到你身边，用它的小脑袋蹭蹭你时，你的心马上就萌化了。

当然，旧时也有一小撮人对猫有诽谤之语，比如"猫奸狗忠"之类。确实，猫不如狗的服从性强，但我觉得他们口中所谓“冷漠、高傲和自私”的猫比起狗来，更富有“独立之精神，自由之思想”。

西汉韩婴所作的《韩诗外传》曾说鸡有“五德”：“首戴冠者，文也；足搏距者，武也；敌在前敢斗者，勇也；得食相告，仁也；守夜不失时，信也。”大意是：鸡冠高昂，显得文质彬彬；斗鸡时脚踏斗距、虎步生风，很有武力；在敌人面前勇于搏斗，这是勇于亮剑的精神；找到食物就奔走相告，足显仁义之心；守夜打鸣、非常准时，这是忠于职守的表现。

然而，相比所谓的“鸡五德”，我更崇尚猫那超然物外、特立独行的精神。中国人的传统精神历来是儒道并行，如果说鸡是笃于忠信仁义的儒家信徒，那猫就应该是充满逍遥精神的道家精灵。无独有偶，古代罗马人也以猫为自然的象征，罗马月神、自然女神戴安娜经常以猫的形象示人，所以古罗马人认为猫是一种“圣兽”，是戴安娜女神的象征。

猫不像狗那样无条件地顺从主人，而是经常摆出一副爱答不理，“帝力于我何有哉”的姿态。猫需要人们对它的尊重，不愿被呼来唤去，更不会无条件地媚附于人。

猫另一个契合道家思想的特点是慵懒。“世人皆道春云懒，我比春云懒更多”。它那慵慵懒懒的性格，非常符合清静无为的道家精神。当然，当它上蹿下跳，越墙上树，有如轻功在身时，谁又敢轻视它的本领呢？

有人说猫是液体，其实说的是它身体的柔性。正所谓“天下之至柔，驰骋天下之至坚”。而猫呼呼大睡，拥有婴儿般的睡眠，更是有“含德之厚者，比于赤子”的感觉。老子所说的“骨弱筋柔而握固”拿来形容猫，完全没有违和感。

我曾住在有前后两个大院子的房子里。院里草木葱茏，除了无花果树和枸杞是有心移栽外，其他诸如梧桐、椿树、紫藤、爬山虎之类，都是自然生长出来的。而且院中野草丛生，我以上天有好生之德为由，总是不让拔除，然后前院养狗，后院喂猫。

我家养的猫也有好多代了，且都是自己繁育而来，并以白猫为多。我家后院有一个西屋，它们在里面做窝居住。平日里四处乱跑，在屋脊墙头上随意游荡。每当下午 4 点钟左右，我就备好猫食（主要就是炖熟的鸡肝加一些馒头），它们就会准时前来。

有一只大白猫，每当我中午炒菜时就跑进厨房，因为它知道我们做午餐时经常会炒肉，而盛放肉的塑料袋子上往往会沾一些碎肉，它每次就等这个碎肉吃。我有时很奇怪，这只白猫怎么就能这样准时地跑过来呢？而且总是能把自己打理得很干净，它整天在外面跑，也从没有人给它洗澡，这是怎么做到的呢？

这只大白猫还是一位“英雄母亲”。它前后生了好几窝小猫，这群猫因为是母猫带大的，又经常在外面跑，所以远不如宠物店买来的猫对人那么亲昵，如果想随意地“亲亲抱抱举高高”是办不到的。

然而，我非常喜欢这种与猫其乐融融的状态。我家的这些

〔南宋〕梁楷《狸奴闲趣图卷》（局部）

猫，只有“粗茶淡饭”，吃不到进口猫粮、猫条、猫罐头之类的高级食品。我没有把它们关在家中管控，而是给了它们充分的自由和天地。正如《庄子》所言：“泽雉十步一啄，百步一饮，不蕲畜乎樊中。神虽王，不善也。”生活在平泽的野鸡，走十步才啄到一口食，走百步才饮到一口水，可它并不祈求被养在笼子里。养在笼子里，神态虽然威风，却没了自由。

“相濡以沫，不如相忘于江湖”，这正是我对猫的态度吧。我尊重猫的天性，让它们戏耍于草木之间，而当它们需要充饥解渴、躲风避雨时，就可以来到我给它们准备的家，把这里当作避风的港湾，让它们既有流浪猫的自由，又得到宠物猫的待遇。

搬入楼房后，我家就再也没养猫，因为总觉得原来那种状态才最适合猫。而且，养一只日亲日近的猫，一旦它寿终而逝，未免会有不堪承受的哀伤。正所谓,“最好不相伴，便可不相欠。最好不相惜，便可不相忆”。

然而，拳拳爱猫之心，如何能忘？好在网络发达，一只小小的手机就可以“云吸猫”。不过，随着精神阈值的高开，海量的网络资源也有不满足的时候。一天偶读旧文，我想到鲁迅先生在绍兴会馆“钞古碑”之事，忽发奇想，何不从古代典籍中吸猫？于是一发不可收。这些日子来，我收集钩沉了不少古人猫文、猫诗、猫画、猫故事之类，不当自秘，所以整理出来，正所谓“集千狐之腋，成百衲之衣”，与爱猫之人共享。

目　录

壹

名正言顺

古代如何称呼猫

〔宋〕赵佶《徽宗真迹耄耋图卷》（局部）

猫在古代的别称

年轻一代喜欢称猫为“喵星人”。这是假想猫是从宇宙中的“喵星”过来的，它们“骗取”了人类的信任。这种脑洞大开的想法和“穿越”之类的差不多，都是年轻人富于幻想的表现。

古人对猫有很多别称，大致有以下几种。

一、狸奴

我们都听说过“狸猫换太子”这个故事。在古代，猫经常被称为“狸”。《庄子·秋水》曰：“骐骥骅骝一日而驰千里，捕鼠不如狸狌。”意思是那些出名的快马（骐骥骅骝）虽然一天能跑上千里，但是捉老鼠远不如猫。不过，从庄子的很多文章来看，猫并没有成为大家的宠物，如果庄子能看到现在的宠物猫的话，我觉得猫应该是处于“材与不材”之间的最好榜样了。

另外，《韩非子》曰：“使鸡司夜，令狸执鼠，皆用其能。”意思是让公鸡值夜打鸣，猫捉老鼠，这是各司其职，各擅其能。但不知道为什么到了《三字经》中，就成了“犬守夜，鸡司晨”，没有提到猫了。

陆游有一句著名的诗：“溪柴火软蛮毡暖，我与狸奴不出门。”就是说风雨大作的时候，我和小猫咪都躲在家里不出门，享受柴火和毛毡的温暖。

有些爱猫人士可能觉得古人在“狸”字后面加了个“奴”字，听起来有歧视的感觉。其实不然，古人这个“奴”字，很多时候含有宠爱的意思。比如唐朝著名诗人李白的大儿子小名为“明月奴”，同时代汝南王李琎的小名叫“花奴”。你看人家堂堂王爷也带个“奴”字，就不要觉得“狸奴”是不尊重猫的称呼了。

另外，清代黄汉的《猫苑》中曾说“家猫为猫，野猫为狸”，也许是沿用古时说法，后来有改变。乾隆时的宫廷画家艾启蒙，为猫画过图，标了满汉双语的名称，其中就有“普福狸”“苓香狸”“妙静狸”等名称，皇宫所养，御赐名称的总不会是野猫。民间还有以阔口的叫猫，尖嘴的叫狸之说，那尖嘴的就是狐狸了。

〔南宋〕李迪《狸奴小影图》

二、乌圆

乌圆，又作乌员。唐代文学家段成式在其著作《酉阳杂俎续集·支动》中提道，“猫一名蒙贵，一名乌员”。这里怀疑是外来的译音。毕竟唐朝时期对外联系非常广泛，像波斯猫、暹罗猫、缅甸猫会随着商队的往来而流入，所以这些名字也许是来自外语，当然这只是猜想，聊备一说。

清代文学家黄汉有一本名叫《猫苑》的著作，其中记载，宋人的《尔雅翼》中云[1]：中国原来是没有猫的，是当年唐僧（玄奘法师）去天竺取经时带回中土的，为的是防止老鼠啃坏经书。如果真是这样，真实的历史中，唐僧不只是带了一猴（悟空）、一猪（八戒）、一马（小白龙）回来的，还有我们的“猫主子”。

当然，中国自古就有猫，《韩奕》中就有“有猫有虎”之句。马王堆还出土了四猫纹漆盘（但是否为宠物猫，尚存争议）。

不过，唐僧从西域或天竺带回来一些不同品种的猫，成为人们喜欢的宠物猫，也完全是有可能的。从现存资料看，人们和宠物猫的种种记载和故事，初唐之前几乎看不到，这也证明宠物猫的盛行大概是源于“丝绸之路”的交流。所以据猜测“蒙贵”和“乌员”有可能是外来语音译。

而“乌员”衍化为“乌圆”后，倒让人能联想到猫的样子，也许是指猫那双又大又圆、乌溜溜的黑眼睛。相传清代人王忘庵画的《乌猫图》，上面题有“乌圆炯炯，鼠辈何知”的字

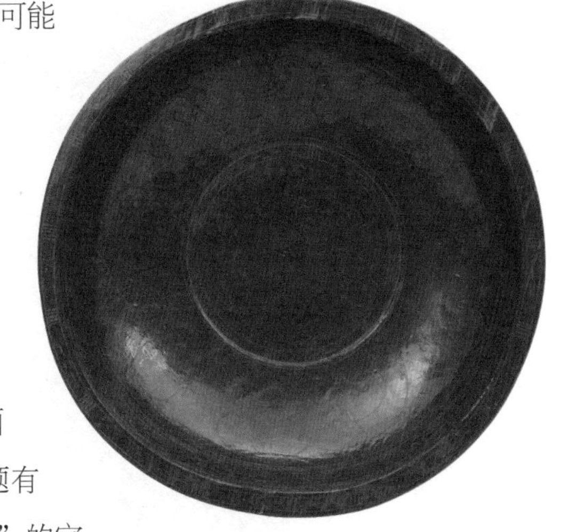

四猫纹漆盘

1　其实该书中没有相关文字，不知是当年的版本不同，还是黄汉书写有误。——编者注

样，这“炯炯”二字应该说的就是猫的眼神。当然，猫的眼睛是随日光的强弱不断变化的。《梦溪笔谈》有言：“猫眼早暮则睛圆，日渐中狭长，正午则如一线耳”；托名苏轼所著的《物类相感志·禽鱼》中有《猫儿眼知时歌》：“子午线卯酉圆，寅申巳亥银杏样，辰戌丑未侧如钱。”据说古人还用猫眼的变化当简易时钟。

“乌圆”这个名字只是一种解释，或者是指黑猫蜷成一团时的黑圆模样，又或指白猫头上有一个乌黑的圈。后面我们会提到，头顶上有这么一个黑圆圈的猫，是十分令人喜欢的品种，古人称之为“印星猫”。下图清代佚名的《牡丹与猫图页》中的白猫就是这个样子。

〔清〕佚名
《牡丹与猫图页》

三、蒙贵

《酉阳杂俎》中提到过，猫名“蒙贵”。据黄汉的《猫苑》一书中所说，“蒙贵”在《广东通志》中写作“獴猜”。很多资料说，这种猫产自安南和暹罗，也就是现在的越南和泰国境内。也有人说，蒙贵其实是用来称呼猴子的，后来被误传为猫的名字。康熙年间，有个叫虞兆漋的人写了一本叫《天香楼偶得》的书，也说“蒙贵”其实不是猫，属于误称。

这个说法我觉得有几分道理，“蒙贵”这个发音很类似于英语的“monkey”（欧洲少有猴子，名字最早有可能是从东南亚传过去的），所以我是赞同“蒙贵”非猫的论点的。不过就算是以讹传讹，但古书中提到“蒙贵”的时候，就是指的猫，这点大家必须要注意。比如明代文人林弼写一只猫：“内相家中蒙贵儿，华堂客至每先知。”就是说司礼掌印太监所养的这只猫聪明灵巧，有客人来，它就先听到了。

四、天子妃

把猫称为“天子妃”，是源于这样的一个故事：当年，女皇武则天为了陷害王皇后，掐死了自己刚出生的小女儿，从而让唐高宗把王皇后和萧淑妃贬入冷宫。后来武则天得知高宗有些心软，可能赦免二人，于是就残忍杀害了这两位美人。她命人将王、萧二人先各打一百下，然后剁掉手足，扔进一个大酒瓮里让二人遭受非人的折磨，几天后才咽气。

王皇后逆来顺受，是个认命的人，到死也没吭气。而萧淑妃大骂武则天，并立下毒誓："愿武为鼠吾为猫，生生世世扼其喉！"意思是说来生武则天变成一只大老鼠，而她化身为猫，作为武则天的天敌，咬住其喉咙，来报今世之仇。

所以，后人根据这个典故，就把猫称为"天子妃"。

五、白老

上面说过，人们将娇媚可人的猫称为"天子妃"，倒是有其合理性，但猫在古人笔下还有一个名字，叫作"白老"。这个名字，初听起来，还以为是白居易！话说白居易确实自称"白老"，如"白老忘机客"之类，但将猫唤作"白老"，则和白居易毫无关系。

这个名字同样来自唐朝的一则故事，说是晚唐时一个叫卢枢的官员在任建州刺史时，独自住在一座僻静的宅院中。当时正值夏夜，趁着月色正好，卢枢到院中漫步。出门来就听得堂屋西边台阶下有人在欢声笑语，他仔细一看，见到七八个不到一尺高的小人儿，有男有女，在那里杂坐饮酒，几案席子碗碟之类俱全，不过是缩小版的。小人们互相敬酒，热闹了一番。忽然有一个小人叹息说："今晚真快乐，但过不多久白老就来了，怎么办呢？"过了一会儿，这些小人迅速跑到阴沟里消失不见了。

过了几天，卢枢调离了这里。新上任的官员带有一只猫，名叫“白老”，此猫来了后，很快便从堂屋西边台阶的地下抓出来七八只老鼠，并将它们咬死了。

人们这才明白，这些“小人”原来是老鼠成精，它们说的“白老”就是这只猫。猫因此就有了“白老”之名。比如清代吴绮的悼猫诗，就说“白老能多慧，相驯五载余”，这里的“白老”指的就是他的猫。

不过，“白老”之名虽然威严，但不够亲昵，而且这个名字是老鼠取的，就像“黑社会”把警察叫成“条子”一样，缺乏好意。我们如果也照样称呼，岂不是降低到和老鼠一样的视角？另外，这个故事中的“白老”，大致应该是一只浑身似雪的白猫，用来泛指所有的猫，也不够确切。

六、雪姑

上面说了，如果把我们可爱的白猫称为“白老”多少有些老气横秋的感觉，和猫活泼可爱的性格不相称。那“雪姑”这个名字就不同了。雪白的姑娘，和猫的温柔妩媚很相配。而且能让人联想到庄子说的，“藐姑射之山，有神人居焉。肌肤若冰雪，绰约若处子”。

〔明〕仇英《群仙会祝图》（局部）

“雪姑”这个名字怎么来的呢？它出自北宋陶谷写的《清异录》这本书，其中说：“余在辇毂，至大街，见揭小榜曰：虞大博宅失去猫儿，色白，小名白雪姑。”意思是他当年在东京（现在的开封）时，看到寻猫启事，一个叫虞大博的人家走失了一只猫，全身白色，名字叫“白雪姑”。

看来“白雪姑”只是虞大博给自己家猫取的名，但后来人就拿来当成猫的统称了。比如爱写诗的乾隆皇帝咏猫时就很喜欢“掉书袋”，“漫称蒙贵尤无比，那数雪姑独有神”，清代姚燮的《猫六十韵》也说，“虞家白雪姑”，都是出于此处。

七、虎舅

猫在古时，还有一个别名是“虎舅”。我从小就听说猫是老虎的舅舅，老虎的一身本领都是从猫那里学来的。但是老虎自以为学成了全部本领后，就反目成仇，竟然要吃掉猫。幸好猫留了一手，没有教老虎爬树的方法，危急时猫爬上树梢，从而躲过一劫。

后来才发现，原来这个民间故事流传已久，至少在南宋陆游时就存在了。因为陆游在他的《剑南诗稿》中就自注了这么一句：“俗言猫为虎舅，教虎百为，惟不教上树。”

当然，这种说法纯粹是人们虚构的，老虎不是不会爬树，而是一般的树枝根本承受不住老虎巨大的体重，当然也正如此，老虎远没有猫爬树时灵活。另外，爬树一般是为了逃跑，老虎正面攻击其他动物从来不吃亏。

不过，“虎舅”这个名词，也成了猫的代称。比如清人厉鹗在《雪狮儿》一首词写道：“称伊虎舅，斑斑玳瑁，身边频觑。食有溪鲜，又上小庭高树。”这里就明确称呼猫为“虎舅”。

八、鼠将

相比于上面的“虎舅”，“鼠将”这个名字实在不怎么好听，但这是皇帝唐武宗取的名。武宗虽然是历史上著名的灭佛者——“三武一宗”中的一员（北魏太武帝拓跋焘，北周武帝宇文邕，唐武宗李炎和后周世宗柴荣都曾下令灭佛），但他也是个有名的“动物爱好者”，他养了10种动物，给它们都起了别号：

九皋处士——鹤（《诗经》中有“鹤鸣于九皋，声闻于野”之说）

长鸣都尉——鸡（似乎公鸡才配得上这个称号）

玄素先生——白鹇（玄是黑色，素是白色，白鹇浑身雪白，但爪子是黑的，故有此名）

惺惺奴——猴（猴子的别称）

长耳公——驴（长耳是驴的特征，如果贬义就是大耳贼）

灵寿子——龟（古人觉得龟能通灵，寿命又长）

守门使——犬（犬守夜是本职）

辩歌——鹦鹉（鹦鹉以能言著称，个人觉得用“说客”命名更有趣）

鼠将——猫（虽然猫是对付老鼠的，但不应是老鼠中的大将）

茸客——鹿

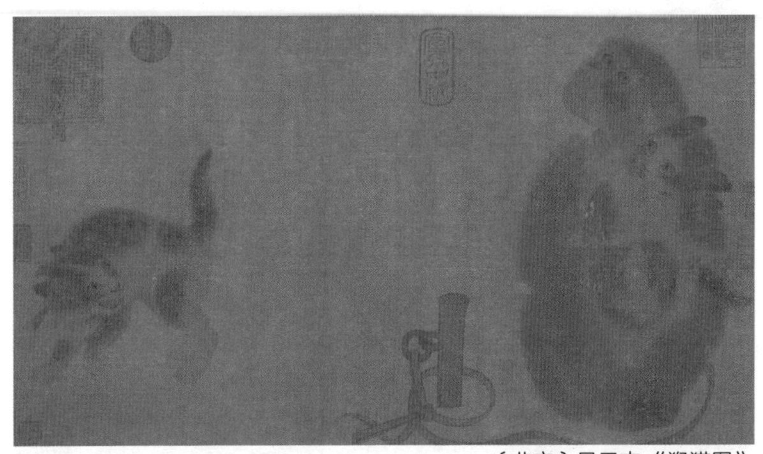

〔北宋〕易元吉《猴猫图》

虽然唐武宗给猫起的这个名字不雅——对付老鼠就成了“鼠将”？那捉贼的官军统帅难道就可以称为“贼帅”吗？简直毫无道理。不过皇帝毕竟是金口玉言，“鼠将”这个名称也成为典故，流传后世。清人姚燮在其诗作《猫六十韵》就有“威名崇鼠将，小字锡狸奴”一句。

相比之下，公主取的名字就好听多了，据说后唐琼花公主养有两只猫，其中一只浑身洁白，只有嘴是黑的，公主就称它为“衔蝉奴”。美国前总统克林顿曾养有一只叫作“袜子”的猫，嘴上也有一块黑的，大概与之类似。而另一只全身乌黑，只有尾巴是白的，琼花公主称为“昆仑妲己”。昆仑即昆仑奴的简称，指黑人；妲己则是有名的白狐狸精，公主觉得这只猫身子像昆仑奴（黑人），尾巴却像白狐，于是取了这个名字。

这下，后人不管猫是不是这种模样，就把“衔蝉”当成了猫的代称，黄庭坚有名的《乞猫》诗中“买鱼穿柳聘衔蝉”，这里并非想要一只体白嘴黑的猫，只不过以此作为猫的代名词。

下图传为宋徽宗真迹的《耄耋图卷》中的这只猫，嘴角就有一块黑，堪称标准的“衔蝉”。

〔北宋〕赵佶《徽宗真迹耄耋图卷》（局部）

怎样为猫起名？

我们再看一下老祖宗们是怎么给猫取名的。

晚唐诗人张泌在《妆楼记》一书中说过：张抟好猫，有七佳猫，皆有命名。其一曰“东守”，二曰“白凤”，三曰“紫英”，四曰“怯愦”，五曰“锦带”，六曰“云团”，七曰“万贯”，皆价值数金，次者不可胜数。

这个张抟爱猫成癖，这七只取了名的猫是最名贵的，价比黄金，其他不入流的猫数都数不清。这些猫名，有些比较好听，如“白凤”“紫英”“锦带”“云团”之类，但“怯愦”这个名字不知从何而来，从字面上看，“怯愦”应该是不敢发怒的意思，比如我们现在有个词叫“勇于私斗，怯于公愤”。这个词用在猫身上，我觉得大概是这只猫特别温柔和顺，故而张抟给它取了这样一个名字。

《猫苑》中记载，广东番禺有个叫丁仲文的人，他把自己养的猫分为三等，按不同颜色特征来取名：一身纯黄的取名为“金丝虎”“戛金钟”“大滴金”等；一身雪白的取名为“尺玉”和“宵飞练”；浑身乌黑的就叫“乌云豹”和“啸铁”；花斑毛色的就叫“吼彩霞”“滚地锦”“跃玳”“草上霜”“雪地金钱”等。（《清稗类钞》也有相同记载，但成书时间晚于《猫苑》，当是抄录而来。）

浙江永嘉有个叫郑荻畴的人，用了不少仙风道骨的名字给猫取名，比如雪氅仙官、丹霞子、鼾灯佛、玉佛奴等，听起来像是仙侠小说中的角色。有一些猫甚至给封了官号，像什么鸣玉侯（应是白猫）、铁衣将军（大概黑猫）、金眼都尉（想必是黄眼猫）等，听起来煞是威风。而在《猫苑》作者黄汉这里，他觉得猫最合适的官职名应为“书城防御使”兼“尚衣监太仓中郎将”，前者是说猫能防止图书被老鼠咬坏，后者是说猫能防止衣物和粮仓为鼠所侵害，所以，这两个官职最符合猫的特性。

以上这些称谓，无非是过家家一般的游戏而已，当不得真。下面说一只真正受皇帝诰封的猫，堪称生荣死哀。它就是嘉靖皇帝取名为“霜眉”的一只猫。嘉靖爱猫，整天不上朝。当时宫中有一只浑身青色（也可能是蓝色）的猫最为得宠。这只猫只有双眼上有两撮白毛，所以皇帝给他取名叫“霜眉”，它十分善解人意，日夜伴随皇帝，很是听招呼，深得皇帝欢心。

〔明〕佚名《嘉靖皇帝像》

昏君嘉靖活了60岁，猫的寿数肯定比不了他，这只叫“霜眉”的猫虽然备受恩宠，但还是因年老而死去。嘉靖下令厚葬这只猫，用纯金打制了一副棺材（嘉靖自己都没有享用金棺，用的是木棺），将之埋在景山的北面，还立了碑，题为“虬龙冢”。

这待遇堪比国葬，“虬龙”二字，可以看作皇帝给这只猫的“谥号”。在古代，只有少数位高权重的人物才配享有，比如曾国藩死后谥“文正”，李鸿章谥“文忠”等，而这只猫被谥为“虬龙”，堪称奇遇。

不但如此，皇帝还请来和尚道士给这只猫做法事，让群臣写悼文。其中一个叫袁炜的人，文章中因有“化狮为龙”这样的词，于是深得嘉靖帝的欢心。这个袁炜，也不是寻常人物——嘉靖戊戌会试第一，货真价实的状元郎。由此可见，“霜眉”这只猫的尊贵待遇，想来少有其他猫能打破纪录了吧！（事见《万历野获编》《元明事类钞》）

朱国桢的《涌幢小品》一书记载了明朝皇宫中猫的伙食待遇：“每年只是供养乾明门的十二只猫，就要花费猪肉 1700 多斤，肝 365 副。”[1] 一只猫每天能分大约四两肉和一些猪肝，假如太监或宫女不克扣，我感觉猫猫们天天都要吃撑。

由此可见，故宫御猫的历史至少有五六百年。到清代，虽然已经改朝换代，但御猫仍然活跃在宫廷中。而号称“十全老人”的乾隆皇帝怎么能落下宠猫这件事呢？根据西洋画家艾启蒙绘制的 10 幅《狸猫影》，我们可以看到 10 只有代表性的受宠宫猫，上面用满汉双语标注了的名号，分别为：飞睇狸、舞苍奴、翻雪奴、清宁狸、采芳狸、涵虚奴、仁照狸、普福狸、苓香狸、妙静狸。下面我们大致解读一下。

1　据《明孝宗实录》记载，猫为 11 只。但徐复祚的笔记《三家村老委谈》称猫为 12 只。——编者注

飞睇狸：睇是看的意思，这只猫之所以叫“飞睇”，想必是明眸善睐，眼波动人，如美女一般，大有六宫粉黛“含情凝睇谢君王”之感。

舞苍奴：乾隆大概觉得这些猫都称呼为狸太单调，于是将“狸奴”二字分开来用，这只就叫“舞苍奴”了。苍字代表天空的颜色，所以青黑色和灰白色，都能用“苍”字形容，我们看这只花狸猫，身具白黑两色花纹，跳动起来，不正可以用“舞苍”来形容吗？

翻雪奴：图中这只猫上黑下白，翻过来看的话就是一身白雪，也许这就是它名字的由来吧。也有人说，雪地如果翻过来，就是黑土在上面，白雪在下面，正符合这只猫身上毛色的情况，也有道理。

清宁狸：“清宁”两字，来源于《老子》中的“天得一以清，地得一以宁”。而乾隆的老家也就是现在的沈阳故宫，就有一座命名为清宁宫的殿宇，当年是皇后居住的寝宫。“清宁”两字赐给了这只猫，看来此猫在乾隆心中地位不低。

采芳狸：这只花狸猫想必喜欢在御花园的花丛中玩耍，所以乾隆皇帝给它取了个这样的名字，不过采芳狸和采花狸意思相近，有被联想成“采花大盗”之嫌。

涵虚奴：看到“涵虚”二字，我们马上想到唐代孟浩然的《望洞庭湖赠张丞相》诗：“八月湖水平，涵虚混太清。”这里的“涵虚”是水天一色的意思。而在古代典籍中，由于道家尚虚，所以这个名号，有一些修仙色彩。比如元代文人滕宾，入天台山为道士，就号称“涵虚子”。而明太祖第十七子朱权，为避免朱棣猜忌他有觊觎皇位之心，于是不问世事，飘然有出世之感，自号臞仙、涵虚子等，都是表达超离尘世的态度。这只猫被称“涵虚”，想必也是一位道友，性格宽和超脱。

仁照狸：这只猫也是上黑下白，和前面说过的“翻雪奴”有些类似。这里的“仁照”二字，经常用来称颂皇帝的圣明，仁义如阳光普照。如苏轼就有文章言，“若非二圣仁明，洞照肝膈，则臣为党人所倾”。皇家不用像平民百姓那样期待荣华富贵，故而给猫狗取名“旺财”“来福”之类，皇帝的需求是治国理政，明，照也，“仁照”二字，寄寓了这种愿望。

普福狸：“普福狸”的取名法则和上面“仁照狸”类似，都是寄托了皇家的美好愿望。在这里，“普福”二字也很好理解，就是让普天下的人都感到幸福！这只肥胖的猫画像，倒有一副太皇太后的庄严劲儿，绝对有资格入住慈宁宫。

苓香狸：苓香，就是电视剧《如懿传》中的“零陵香”的别称。古人有时也写作“零苓香”或“苓苓香”。别看剧中的“零陵香”成了阴谋家用来害人的工具，实际上这种香气十分宜人，可治伤寒、感冒头痛、胸腹胀满、下痢、遗精、鼻塞、牙痛、腰痛等多种疾病。明周嘉胄《香乘》一书中，记载内府香衣香牌中就有檀香、沉香、速香、排香、倭草、苓香、丁香、木香、官桂、桂花、玫瑰等。也许是这只小猫身上带有零陵香的香气，所以乾隆为它取此名。

妙静狸：如果说“涵虚奴”像是一个道士的名字，那这个“妙静”二字，活脱脱就是个尼姑的法号。这只“妙静师太”，一点也没有老气横秋的样子，看上去是一只未脱稚气的灵巧小猫，恐怕也会和《思凡》中的小尼姑陈妙常一样“强将津唾咽凡心，怎奈凡心转盛”吧！

［日］歌川国芳《猫》

当然，就连皇宫中的众多美女，有的都无缘见上皇帝一面，宫廷中的猫儿也未必都能“沐浴天恩”。很多猫只和太监宫女们做伴，名字自然也由他们来取。

《在园杂志》一书记载，明代宫中太监很喜欢养猫，浑身纯白，就叫“一块玉”；身上黑肚子白，就叫“乌云罩雪”；黄尾巴白毛，就叫“金钩挂玉瓶”。因为猫很少有红色的，太监们为图喜庆，就将白毛猫染成大红色。

《万历野获编》中也记载说，当时皇帝十分喜欢和看重猫，后妃各宫所畜的猫，都有“管事职衔”。这些猫有一些奇怪的称呼，母猫叫“某丫头”，公猫叫“某小厮”，阉后的猫叫“某老爹”，而且这些猫被皇帝加封之后，就和宫女太监一样也有俸禄。无独有偶，日本也是如此，《枕草子》中有“宫中饲养的猫，得蒙赐五位之头衔，又赐名命妇之君”。

一些名贵的猫，还有自己的“员工证”（铭牌），比如清军灭掉吴三桂的“大周”后，俘获了其孙吴世璠所养的 3 只“御猫”。这些猫脖子上都戴有刻着名字的金牌，分别叫“锦衣娘”“银睡姑”“啸碧烟”，且都是国内罕见的名贵品种。

不仅如此，宫猫还有“人事档案”，至少在清代是有实证的。中国历史第一档案馆曾经展出过清代宫猫的档案——《猫册》。这里面详细记录了道光年间宫中所养宠物猫的名字、出生和死亡日期。

在《猫册》中，卷卷有猫名，林林总总。有花果植物类的猫名：灵芝、秋葵、金橘、双桃儿、芙蓉；有用虎豹狮子这些猫科动物代指的：金虎、玉虎、银虎、黑虎、玉狮子、喜豹；还有依性别而取的：俊姐、金哥、金妞儿、花妞儿、花郎儿。可想而知，金哥和金妞分别是金黄色的男猫和女猫，而花郎儿和花妞，则是一公一母的狸花猫。有一只猫名字更为独特，可能是它脸上有白斑，好似戏台上的小丑，所以它在猫册中的名字就是叫“小丑儿”。

由此看来，宫中不止三宫六院七十二妃，众多的猫也在享受国家俸禄。说来也是，嫔妃们深居禁宫，不得自由，当时又没有手机网络，日长似岁，何等寂寞！对她们来说，猫的陪伴，更是有必要的。所以我们在很多古画中看到，宫妃和猫往往是同框出现的。

著名文人的猫，都是怎么取名的呢？其实有些看起来也很平常。像陆游的猫，就叫“雪儿”和“粉鼻”；曾幾的猫叫“小於菟”，就是小老虎的意思；司马光的猫叫“虪”，是黑虎之意。到了近代，梁实秋先生养的猫叫“白猫王子”；我老乡季羡林先生养的猫叫“虎子”和“咪咪”；钱钟书先生的猫叫“花花”；冰心女士家的也叫“咪咪”。由此可见，这些学富五车的大学者们，为猫起的名也很普通，不像乾隆皇帝那样“掉书袋”。

为猫取名字，也是件格外伤脑筋之事。对于爱猫之人，不亚于给自己的孩子取名，明代刘元卿的《应谐录》里面记载了这样一段笑话：有人养了一只猫，于是商量着给它取个响当当的好名字。一开始，看这只小猫很精神，有小老虎的气势，于是取名“虎猫”。其实这和上面所说的司马光、曾几取的名字相似，也挺好。但有多嘴的人说：虎不如龙，不如叫“龙猫”（当时是没有现在称为“龙猫”的毛丝鼠的）。刚感觉“龙猫”其实挺有派的，一人却说：“龙虽然厉害，但也要依托于云，不如叫‘云猫’。”主人听了，觉得有理，于是改叫“云猫”。然而又有人说，云朵怕风，风吹云散，不如叫“风猫”。话音未落，抬杠的又来了，他说：“墙能挡住风，不如叫‘墙猫’。”前一人不服，于是说：“墙怕老鼠（古时多为土墙，老鼠打洞后容易倒塌），干脆叫‘鼠猫’吧！”

〔清〕佚名《雍正十二美人图》

以上笑话，可以从侧面看出，当时人们对于给猫取名字这件事，还是挺重视的。

贰

金眼油爪

古人相猫的标准

〔宋〕赵佶《徽宗真迹耄耋图卷》（局部）

我们挑一只猫时，首先是挑选猫的品种。如今大家普通喂养的，诸如英短（蓝猫、银渐层、金渐层）、金吉拉猫、布偶猫、波斯猫、橘猫、狸花猫等，都各有千秋，各有惹人喜爱的优点。

先说英短，它们一般体形圆胖、四肢粗短、毛软而密、头大脸圆，深受爱猫者的喜欢。英短一般都是比较喜欢亲近主人的，还经常会趴在你身上睡觉。

而银渐层和金渐层是英短蓝猫和金吉拉猫结合后生育的后代，人们尤其喜欢一身金毛的金渐层，认为它富贵招财。而金渐层在保留蓝猫憨态可掬的体态之外，还拥有宝石一般，十分迷人的绿色或蓝绿色大圆眼睛，所以金渐层的价格也高出普通蓝猫很多。

作者家的蓝猫（能能）

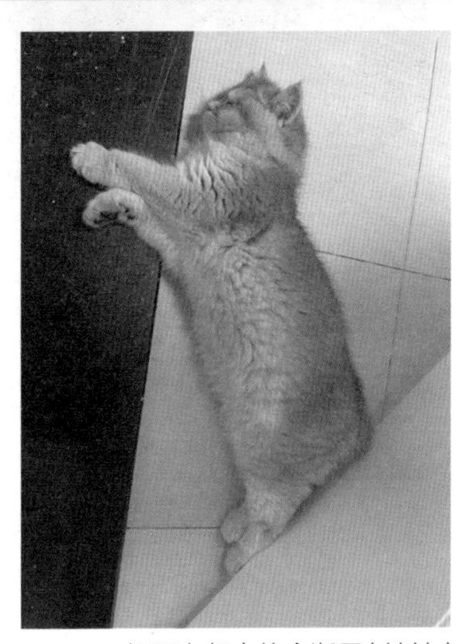
杨雨老师家的金渐层（祐祐）

而金吉拉猫，主要是从波斯猫定向培育而来，故有猫界的“人造公主”之称。金吉拉猫的外形突出了波斯猫的优点，宝石般的眼睛，有祖母绿、蓝绿、绿色或黄绿色等，难怪人们把一种宝石叫“猫儿眼”。它浑身上下的毛，长而蓬松，有着一条类似松鼠的尾巴，看起来非常的可爱。

布偶猫，之所以有这样一个称谓，是因为它简直就像一件布偶。当人们抚摸玩弄猫的时候，其他品种的猫你得看它心情，它不高兴时就不容许你动手动脚的。而布偶猫不同，它忍耐性强，十分黏人，对你的抚摸玩弄非常能容忍，可以随意摆弄。当然，有时候因为过于黏人，它又分不清你多急多忙，还会跑

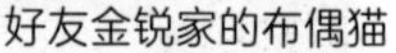
好友金锐家的布偶猫

杨雨老师家的布偶猫（团团）

来求撸和添乱。另外，布偶猫叫声甜美，体形也比较大，所以当宠物是相当称职的，故而价格也不低。

波斯猫和布偶猫有相似之处，它们都毛发华丽、举止优雅，而上述所说的英短，虽然憨态可掬，却被一些网友揶揄为“脸像屁股”。

波斯猫有着天生的高贵感。中世纪欧洲宫廷的贵妇们很喜欢这种猫，因为波斯猫优雅华贵的外表和当时欧洲人崇尚华丽精致、细腻柔美的审美习惯相匹配。贵妇们抱着一只漂亮的波斯猫，不亚于戴了一件名贵的首饰，能彰显自己高贵的身份。相比之下，波斯猫和布偶猫不同的地方在于前者的性格高冷，不像后者那样太过温柔。

而以“大橘为重”著称的橘猫，一贯肥胖，有着“十只橘猫九只胖，还有一只压倒炕”的“美誉”。橘猫其实不见得是某一品种，一般肥肥胖胖、毛色橘黄的都被称为橘猫，其中也包括中国本土猫。

朋友朱军营家的橘猫

橘猫一般都以胖胖的可爱形象出现，即便它性格其实很彪悍，比如为人们津津乐道的故宫御猫——爱新觉罗·帕帕就是一只胖胖的橘猫，大家都戏称它为“御前带膘侍卫”。这只大橘看起来胆小，总是一副怯生生的样子，当它从猫洞（实为故宫墙上留的排水孔）探出头时，那个样子简直要“萌化”宠猫者的心。不过，有知悉内情者说，帕帕其实很凶，经常抢其他猫的饭吃，一般猫都不是它这个重量级选手的对手，只有一只名叫“少年”的狸花猫，才能让它退避三舍。

由此看来，谈到“武力值高”，还得数狸花猫。作为中国本土的狸花猫，虽然不如以上的猫名贵，但也拥有很多优点：它们活泼健壮，善于捕老鼠（虽然现在城市中不太看重这一点）；不挑食。狸花猫不娇气，吃鱼吃骨头也不会卡到嗓子。缺点就是成年的狸花猫向往“广阔天地，大有作为”，单纯把它豢养在家中，它是很不乐意的。但如果放养它，在外面跑得野了，就不怎么亲近人。

在中国古代，有一些异种猫，如波斯猫与中国鲁西狸猫杂交而成的狮子猫。这一品种的猫在南宋时就已经出现，比如陆

朋友徐若英家的狸花猫

杨雨老师家的美短狸花（绵绵）

游在他的《老学庵笔记》中就说过："一种狮猫，形如狮子"。但狮猫这类，属于珍异品种，在当时不是一般家庭有条件能畜养的。

《猫苑》一书中有记载，咸丰元年（1851），宫中的太监白三喜，唆使其侄子白大取走了宫中一只珍贵的狮子猫，被立案查办。由此可见，偷取狮子猫这件事，在当时算得上盗窃国家财产且数额较大的行为。

这本书中还提到，有个叫张炯（字心田）的人说，狮子猫眼有一金一银的，他外公胡光林[1]是个大官，在镇江当知府时，曾经豢养着一对狮子猫，一雌一雄，一模一样的鸳鸯眼，他小时候住在外公的官宅中，亲眼见过。由此可见张心田这样的官宦子弟都把见过狮子猫这件事当作彰显自己身份的谈资，可想当时狮

1　胡光林：（1763—1815），字鲁瞻，号春木，庐江百花村（今汤池镇）人。清乾隆贡生，任江苏江宁南捕通判、常州府总捕通判、署苏州府清军同知、镇江府知府等职。

子猫是多么珍贵。所以清人黄汉（《猫苑》作者）也说，“狮猫，历朝宫禁卿相家多畜之”，只有皇家、权贵家才养得起，非一般平民所能沾染。

临清狮子猫（临清狮猫协会张士军提供）

这里要格外说明一下的是，我的家乡临清，就是著名的临清狮子猫的产地。画猫名家曹克家曾说过：“世界动物没有异眼的，只有山东临清有异眼猫。”

小说《金瓶梅》中的人物，潘金莲曾养了一只狮子猫：

> 潘金莲房中养的一只白狮子猫儿，浑身纯白，只额儿上带龟背一道黑，名唤雪里送炭，又名雪狮子。又善会口衔汗巾子，拾扇儿。西门庆不在房中，妇人晚夕常抱它在被窝里睡，又不撒尿屎在衣服上，呼之即至，挥之即去，妇人常唤它是雪贼。每日不吃牛肝干鱼，只吃生肉，调养得十分肥壮，毛内可藏一鸡蛋。

小说《金瓶梅》中写的清河县，实际上就在临清一带，所以这只猫正是明代当年临清狮子猫的生动写照。西门大官人当时财力颇为雄厚，是当地有名的土豪，五六个如花似玉的老婆都养得起，又何况这本地的一只狮子猫。

然而，在古代注重实用的那个年代，人们对于猫的捕鼠功能还是很看重的。狮子猫虽然好看，但不善于捉老鼠。比如清人张应庚[1]就说："狮猫，产西洋诸国，毛长身大，不善捕鼠。"由此可见，是否擅长捉老鼠，是古人衡量一只猫价值的重要指标。以现今的眼光看，这未免有点太实用主义，把猫"工具化"了。

但从实际情况出发，在古代，老鼠带来的困扰相当严重。当时民间的房子很多都是土墙，地面大多也并无青砖铺地。所以老鼠钻洞穿墙，十分猖獗。它们偷吃食物咬坏衣物，甚至破坏梁椽，打翻灯烛引发火灾，危害极大。

北宋诗人黄庭坚，就曾经被老鼠扰得不胜其烦。其诗曰："秋来鼠辈欺猫死，窥瓮翻盘搅夜眠。"不但如此，对于读书人来说，老鼠还会啃坏那些他们珍重的书籍，"怪来米尽鼠忘迁，嚼啮侵寻到简编"（南宋赵蕃），这是最不能容忍的！所以养一只猫能灭鼠，是相当重要之事，这也是我们身居钢筋水泥丛林中的现代人所体会不到的。

黄汉在《猫苑》中曾说，广东人挑选猫时，会提起猫的耳朵，猫的四脚和尾巴马上往上缩的就是好猫。湖南湘潭有个叫张博斋的说法是把猫扔到墙上，猫能用爪子抓牢墙壁不掉下来的就是好猫。

以上的做法，想必我们不会赞同。首先提猫耳朵这件事，

1　张应庚，字孟仙，号梦渔，永嘉人。诸生，官至嘉应知州。著有《寄鸥诗稿》。

对猫来说相当疼痛，一点也不慈爱。而且经常要给猫剪指甲的“铲屎官”们其实还不希望猫拥有锋利爪子和剽悍性格。但在古代，大家的理念却是“捉到老鼠才是好猫”。正像鲁迅先生说的，焦大不会喜欢林妹妹。比如在旧时的农村，能干活能生孩子才是好媳妇，美貌佳人不实用。

当然，有一些富贵人家，也开始重视猫的宠物特性而忽略捕鼠功能。如宋代的《梦粱录》记载：“有长毛，白黄色者称曰‘狮猫’，不能捕鼠，以为美观，多府第贵官诸司人畜之，特见贵爱。”

除了会捉老鼠是第一要务外，古人选猫，也有形体和毛色上的一些讲究。明代人写的《便民图纂》中有一篇相猫法，口诀如下：

猫儿身短最为良，眼用金银尾用长。
面似虎威声要喊，老鼠闻之自避藏。
露爪能翻瓦，腰长会走家。
面长鸡绝种，尾大懒如蛇。

在这里，“猫儿身短最为良”是说选身材短小精悍的猫。《相猫经》[1]说的“眼带金光身要短”，也是同样的意思。五短身材的猫，古人称为“五秃”，相传能镇三五家，也就是说连周

1　《相猫经》原书已佚，本书中所引用的全部转引自《猫苑》。——编者注

边的三五家邻居都不会有老鼠敢来。

《相猫经》有云“金眼夜明灯”，就是说猫的眼睛最好是黄澄澄的。这种猫的眼睛晚上在监控摄像头里特别亮，“金眼夜明灯”名副其实。但对于黑痕入眼，或是似有泪痕的猫，古人是很忌讳的，称之为：“眼常带泪惹灾星。”

所谓“面似虎威声要喊，老鼠闻之自避藏”，是指古人喜欢猫长得像小老虎，声音有气势，能震慑老鼠。当然，这个“声要喊”，不是一直叫唤的意思。民谚中还有“好猫不作声”之说。清人黄汉解释说，这里的不作声，不是不会叫唤，而是不叫则已，一叫就能声震屋宇，甚至让老鼠“闻声惊堕”，堪比武侠小说中的“狮吼功”。

“露爪能翻瓦”的意思是选猫不要挑爪子一直露在外面的。古人认为这样的猫如果走在房顶上会翻掉屋瓦，造成漏雨等麻烦。《相猫经》的“爪露能翻瓦”也是一个意思。书中还说，“油爪滑生光”。对于这一句，有个叫陶炳文的人解释说：“猫行地，有爪痕者，名油爪，此为上品”，意思说猫踩在地上有明显爪印的（猫脚上的汗腺还是比较发达的），称为油爪，是好猫。这个标准不知从何而来，也许这样的猫四肢健劲，抓地有力，从而善于捕鼠吧。

“腰长会走家”，是指古人觉得猫的腰越短越好，腰长的猫不忠诚，会背叛主人，主动跑到条件好的人家去。不过《猫苑》作者黄汉却认为，有一种叫“蛇相猫”的品种，它的头尾身足耳无一不长，虽然违背了“五短”是好猫的“定律”，却是猫中佳品。

“面长鸡绝种”在《相猫经》中的解释是：“面长鼻梁钩，鸡鸭一网收。”也就是说，猫最好是选头面浑圆的，不能要脸长鼻高的，不然性情凶恶，喜欢偷吃家里养的鸡鸭。所谓“鼻梁高耸断鸡种，一画横生面上凶。头尾欹斜兼嘴秃，谓无须。食鸡食鸭卷如风”。

如下图徐悲鸿先生画中的猫，应该就是不符合古人相猫法。

对于这一点，我倒是有些赞同。印象中脸长鼻高的狸花猫，好多都是野性难驯的，虽然现在我们不再养小鸡小鸭之类的家禽，但这类猫性情凶悍，不亲近人，不愿意被人撸却是事实，加上面相也不可爱，所以一般养猫之人，除非口味特别，否则还是不要选这类猫。

“尾大懒如蛇”意思是说尾巴大的猫会比较懒，但为什么用蛇来形容懒，则比较费解，也许是用冬眠中的蛇来做比喻。古人喜欢尾巴又长又细又尖的品种；现代人已经不把

徐悲鸿《猫》

“懒”作为猫的缺点，反而喜欢养一只懒而笨的猫。

古人还认为，猫口腔上腭的横棱（称为“坎”）越多越好，越多则表示此猫越擅长捉老鼠。“猫口中三坎，捉一季；五坎，捉二季；七坎，捉三季；九坎，捉四季。”还有所谓的“耳薄毛毡不畏寒”，意思是说猫的耳朵越薄越好，这样的猫不怕寒冷。

康熙年间，有一个叫陈淏子的人，写了一本名叫《花镜》的书，上面记载了一个邪门的偏方，说是：“猫初生者，以硫黄纳猪肠内，煮熟拌饭与饲，冬不畏寒，亦不恋灶。”

其实旧时的种种说法，很多荒诞不经。类似于古时对人的相术，诸如“男人颧骨高，生来志气高。女人颧骨高，杀夫不用刀”，又如“人中宽又长，儿女站满堂。人中一条线，有子也难站”，等等。但有时候造化弄人，生不逢时，就要为时运所累。比如一个颧骨高的美女，在古代中国不受欢迎，但到了现代或者西方世界成了优点，拍照也上相。同样，如果一只胖墩墩，长尾巴，不善于捉老鼠的大懒猫，在现代都市是宠儿，在古代却可能被人弃如敝屣。

叁 ………… 挂印拖枪 猫的毛色讲究多

〔清〕沈振麟《耄耋同春册》之紫藤狸奴

谈到选猫时的花色，《相猫经》是这样说的：

> 猫之毛色，以纯黄为上，纯白次之，纯黑又次之。其纯狸色，亦有佳者，皆贵乎色之纯也。驳色，以乌云盖雪为上，玳瑁斑次之，若狸而驳，斯为下矣。

这一点倒和现代有些相似，我们现在也多以金黄色的猫为贵，比如英短系列中，金渐层价格就比银渐层和蓝猫要高得多。而大橘作为黄颜色的猫，也深受大家的喜欢，远比纯白和纯黑的猫受欢迎。

古人还把纯黄的猫叫“金丝猫”，纯黑的叫“铁色猫”。

当时的广东人有谚语说“金丝难得母，铁色难得公”，意思是纯黄色的母猫比较稀缺，而纯黑色的公猫则比较少见。

“金丝难得母”这个说法是有一定的道理的。现代科学已经证明：橘猫中公猫较多，母猫稀少。这是因为橘猫控制毛色的基因与性别基因混合，公猫的染色体是XY，X染色体为控制橘色毛色基因的染色体（显性），公猫只需一个橘色基因X就为橘猫。但母猫需要两个带控制橘色毛色的X，才能成为纯色橘猫，所以公猫成为橘猫的概率比母猫高。

但黑色的公猫比较少这个说法目前没有找到依据，现代科学的理论是三色猫（玳瑁猫）多为母猫，据说平均每3000只玳瑁猫里才会出一只雄性。

古人喜欢纯色的猫，《相猫经》中说“凡纯色，无论黄白黑，皆名四时好”。

不过，对于纯白色的猫，古人似乎有些忌讳。《猫苑》中记载了一个叫姚百徵的人的经历——他的伯父到广东揭阳去当县官，在当地洋船上买了一只猫，浑身洁白如雪，毛长寸许，样子很是可爱。但广东当地人将这种猫说成是“孝猫”，因为这种猫全是白色，像戴孝的样子。幸好姚知县不信邪，没有抛弃这只可爱的白猫。结果白猫后来并没有“妨主”，反而给主人带来升官的好运，不久姚知县升为知府，这只猫一直陪伴在他身边，并没有发生任何祸事。

看来民间这些歪理邪说真是误人不浅，也害猫无数。如果有人信了这样的说法，不知道有多少白猫会被遗弃。《猫苑》

作者黄汉也说："孝猫字甚新，纯白猫，瓯人（浙南人，现温州一带）呼为雪猫。"

无独有偶，纯黑的猫在西方却被视为不吉利和邪恶的象征。黑猫的形象往往和女巫联系在一起。万圣节的庆典中，会经常出现南瓜、幽灵、女巫和黑猫这些元素。

梅兰芳《耄耋图》（局部）

中国对于黑猫的看法还好，明代画家商喜的《戏猫图》中，就有一只黑猫；清人陈元镜在他的著作《阴阳风水学说》中写道："玄猫，辟邪之物。易置于南，子孙皆宜，忌易动。"[1]

黑猫不但不邪恶，反而辟邪镇恶。所以说，生不逢时固然可悲，出生地也很重要。黑猫如果生在西方中世纪，那是人人喊打，而生在中国，倒成了镇宅的吉祥物。

不过，一般人还是喜欢黄白两色的猫更多，黑猫的欢迎程度在中国也是排在末位的。所以《相猫经》有云："以纯黄为

1　这里提到的玄猫是一种黑里带红的颜色的猫，并不是纯黑猫。——编者注

〔明〕商喜《戏猫图》

上，纯白次之，纯黑又次之。”

除了黄、白、黑之外，其他颜色的猫就很少见了，曾经有人用染指甲的凤仙花将白猫染成红色，有人甚至以此行骗。在冯梦龙编撰的《古今笑》一书中，曾记载了这样一个故事，说是南宋时临安北门外的西巷里，有个卖熟肉的老头孙三。这个孙三翁最近有些异常，每天出门时，就大声嚷嚷着嘱咐他老婆：“可得把咱家的猫儿看好了，整个都城中都没有这样的好品种，千万别让外人看到，要是给偷走了，那可要了我的老命了！我这么老了，还没儿子，这猫就和我儿子一样珍贵！”

这孙老头天天这样嚷嚷，邻居们不免耳闻，心中都十分奇怪，但孙家每天院门紧闭，根本不让进。这一天，机会突然来了，孙家大门没关严，这只猫自己拽着绳子从门中探头探脑地跑了出来。虽然它很快被孙家婆子赶紧又抱了回去，但大伙儿有眼尖的就瞧见了，只见这只猫一身红毛，连尾巴、四足、胡须全是红的，确实是罕见。大家都很惊羡，这时候孙老头回来了，看到这情景，知悉猫的样子给外人看到了，气得将他妻子责骂一顿。

越是想瞒着的消息，越是传播得快，不久就传到了宫中一位内侍（宋时还不称太监）的耳中。他想这只红色的猫如果取来献给皇帝，龙心大悦，自己从此岂不是备受恩宠？于是派人来找孙老头，想高价购买这只猫。但孙老头坚决不卖，也不让见猫。

内侍不甘心，于是软硬兼施，又亲自上门去谈，终于见到了这只纯红色的猫。一看之下，内侍觉得着实稀有，当下爱不释手，足足花了三百贯钱的价格才买下此猫。我们知道，一贯就有一千文钱，戏剧《十五贯》中，十五贯的价钱，就有可能买一个姑娘。这里三百贯买一只猫，出价不可谓不高了。李清照逛相国寺的古董摊，有人持《徐熙牡丹图》，索价二十万钱。她买不起，遂感慨道："当时虽贵家子弟，求二十万钱，岂易得耶。"而这只猫的价格，就达到了三十万钱，换算成今天的价格，大约 20 万—30 万元。

内侍将此猫带进宫中后，一时欢喜不尽。但皇帝面前无小事，为了稳妥起见，他想把猫调教一番，让它熟悉了宫廷环境后不再怕人，不再藏躲，那时再呈献给皇帝。不想过了几天，他发觉这只猫的毛色越来越浅。过了大半个月，这只红猫的毛色居然完全褪掉了，成了一只平平无奇的白猫。内侍这才恍然大悟，自己上了大当，这猫的颜色完全是染的。

内侍恼怒之下，立刻带人去抓孙三翁这个诈骗犯。殊不知孙老头得了钱，哪里还敢待在原处，早逃往他乡去了。当时讯息落后，很难再找到这个孙三翁，或许逃到了北方金国地区也未可知。人们这才醒悟，这个孙三翁演技一流，堪为“影帝”，原来他怒骂责打老婆的闹剧，完全是做戏给人看的。

这个故事，最早出自南宋洪迈的《夷坚志》[1]，可信度还是比较高的。

至于其他颜色，诸如青色猫、绿色猫，更是极为罕见，像迪士尼的杰拉多尼那种绿色的猫，很难说有现实中的原型。但《猫苑》中记载，寿州（今安徽寿县）有个叫余蓝卿的人说了这样一则见闻：

余蓝卿有一次坐船去扬州，看到一个玩杂技马戏的人，在闹市之中用布隔出一片场地，然后敲锣打鼓，吸引人们来观看。场东面是猴子骑着狗，如骑马一般有模有样地演戏，而场西则是一群五颜六色的猫在高处端坐，接受一群老鼠的朝拜。那些老鼠参拜的样式和官场典礼一模一样，可谓中规中矩。

让人尤为惊奇的是，众猫五色俱备，青赤白黑黄都有，给人灿若云锦的感觉。余蓝卿很奇怪，于是问耍杂技的，这些猫

1　原出于《夷坚三志》己卷第九。——编者注

是从哪弄来的？那人说是从遥远的安南（今越南）得来的，但有些知情人说是假话，这些猫无非是耍马戏的人用染料染过了而已，就像前面说的南宋时孙三翁用颜色染猫的把戏是一样的。毕竟白、黑、黄颜色的猫好找，而红、绿等色的猫实在不常见，这些猫的颜色无非是“化装”效果罢了。

据《猫苑》中记载，广东阳江县深坭村[1]有一个孙姓的盐丁，家里养有一只纯白色的猫。令人奇怪的是，这只猫一过了冬至，就渐渐长出黑毛来，到了夏至日就完全变成一只黑猫了。然后再到冬至时，慢慢又长出白毛，到次年夏至时浑身的黑毛褪尽，全成白毛，又变为白猫。真是大千世界，无奇不有。

其实，根据现代科学的知识，我们可以推测孙盐丁养的应该是一只暹罗猫，这种猫身上的颜色随着温度而变化。网上有人把这种猫戏称为“挖煤猫”。也有购猫者说是买到的暹罗猫头部黑色的部分竟然褪色了！于是认为这个黑色是染上去的，不良商家借此骗取好价钱。其实事实并非如此，这是因为暹罗猫

朋友千年家的暹罗猫

1　今深坭村位于广东湛江市遂溪县，疑似为《猫苑》记载错误。——编者注

体内有黑色素基因，会随温度的变化而出现差异。一般说来是冬天变黑，夏天变白。不过像上面《猫苑》中所说的故事，竟然精准到两至日有明显的变化，应该是故事中添加了夸大和演绎的成分。

其实我们看古人的绘画，更多的是杂色花猫。就连展现乾隆爱猫的名画《狸奴影》上那十只猫也多是花猫。而对于黑白相间的猫，人们则起了不少的雅号：

乌云盖雪：这种猫背部都是黑毛，而肚子、腿蹄等都是白毛，这种上黑下白毛色的，就叫乌云盖雪。像《狸奴影》里的普福狸，应该就是典型的乌云盖雪。

踏雪寻梅：如果猫的毛色上黑下白，黑的比例太多，只有四蹄是白的，那就不叫乌云盖雪，而称为踏雪寻梅。看来，古人着实会起名，只有四蹄雪白，是不是像一只黑猫踏雪归来，四蹄带雪的样子？

雪里拖枪：指浑身雪白，而尾巴是黑色的猫。古人对这种猫比较珍视，所谓“黑尾之猫通身白，人家畜之产豪杰”。意思是养这种猫，主人会功成名就，事业

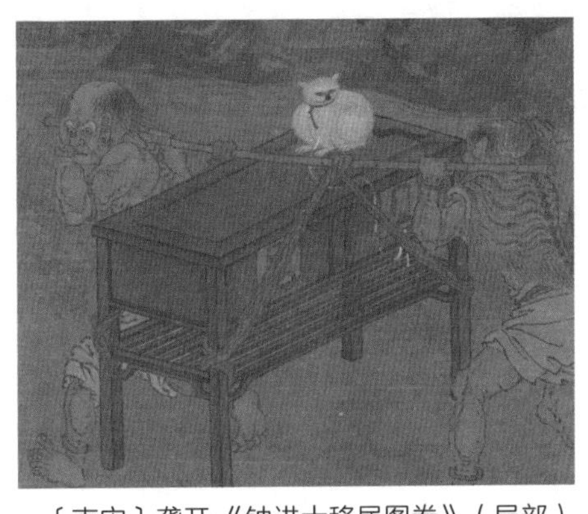

〔南宋〕龚开《钟进士移居图卷》（局部）

〔五代南唐〕周文矩（传）《仕女图》

辉煌。我们看南宋龚开所绘的《钟进士移居图卷》中，给钟馗搬家的两个鬼仆抬着一只桌子，上面端坐着一只猫，就是“雪里拖枪”的品种。看来画者也十分用心，正应了“人家畜之产豪杰”之语，捉鬼的钟馗不正是豪杰吗？

如果反过来，通身黑色，而尾尖有一点白的猫，则称为“垂珠”，也是不错的寓意。

挂印拖枪：可以看作“雪里拖枪”的升级版，这种猫不但浑身雪白尾巴黑，“拖枪”在后，而且脑门上还有一个圆圆的黑印，所以被人们称为“挂印拖枪”，又叫“印星猫”。据说养了这种猫的人家会十分富贵。我们看古画，很多富贵之家都有此猫，比如五代周文矩《仕女图》、明代商喜的《写生图》上，都有这种“印星猫”。

清人黄汉曾说，巨鹿县令黄虎岩养了一对印星猫，很惹人喜欢。但不大会捉老鼠，不过有此猫在家，老鼠也不敢前来。黄县令仕途也挺顺利，他觉得这都是养了这对印星猫的功劳。

如果印星不长在猫的额头上，而是在背上，那就不能叫“印星猫”和“挂印拖枪”了，人们就改称“负印拖枪”，听起来也有不错的彩头。

清代有个叫陶文伯的人说，他家就养了一只大白猫，又肥又胖，重七八斤。此猫尾巴是黑的，背上有一团黑色，但额头上没有，是标准的“负印拖枪”。这只猫拴在他书案边，调皮地叫跳时，他就拿竹梢打它，这只猫知道躲避，有时就会服软听话。

银枪拖铁瓶：这是指浑身乌黑，只有尾巴是白色的猫。这样的猫也不太常见。前面说过，后唐琼花公主养有两只猫，一只浑身白，只有嘴是黑的，公主就称它为“衔蝉奴”；而另一只全身乌黑，只有尾巴是白的，公主称为“昆仑妲己”。其实这只“昆仑妲己”也就是这里所说的“银枪拖铁瓶”。

以上是白、黑两色的排列组合，而白、黄相间的猫也有一些雅号，比如：

绣虎：通身白色但有黄点相杂的猫。

金被银床：通身黄色，但肚子是白色的猫。

金簪插银瓶：通身

〔明〕商喜《写生图》

白色，但尾巴整条是黄色的。比如《猫竹轴》图上的最高处那只猫。

〔清〕沈振麟《猫竹轴》

诸缉山曾经说：广东阳江县太平墟[1]客寓，有一只通身雪白尾巴金黄的猫，叫作“金索挂银瓶”，重达十余斤，捕鼠很得力。主人说有了此猫，家业日盛，看来是旺家的好猫。

背上有一点黄毛的猫，无论通身是黑是白，都可以称之为“将军挂印”。

1　这里提到的太平墟是位于广东佛山市南海区西樵镇之西的码头，估计是《猫苑》作者手误。——编者注

肆

迎聘养葬

古人养猫面面观

〔清〕沈振麟《耄耋同春册》之紫藤狸奴

聘猫的讲究真不少

古人对于猫来家中这件事，还是挺看重的。我们现在直接从宠物市场买一只猫就可以了，但古代一般都是从别人家要一只猫，并且要给聘礼。北宋大诗人黄庭坚有诗云：“买鱼穿柳聘衔蝉”，意思是买上一条大鱼，用柳条穿了腮拎着，去有猫的人家求一只刚出生的小猫。

右图为近现代画家于照所画《耄耋图》，诗题：“买鱼穿柳嫌多事，扑蝶眠茵若倚人，却笑玉狸饶雅骨，宣和粉本证前身。”“买鱼穿柳”说的就是聘猫之事。

于照《耄耋图》

乞猫的聘礼，也不一定非得是鱼。广东潮州一带人有时也会用一包糖来聘猫，黄汉也用两包茶叶做聘礼，还用过黄芝麻、大枣、豆芽之类。另外，据说绍兴人时兴用苎麻，有“苎麻换猫”的谚语。

古时浙南温州一带，用盐醋来当“彩礼”。陆游诗中“裹盐迎得小狸奴”就是一个例证。有个叫张孟仙的刺史解释说：“吴地的口音，读‘盐’为‘缘’，所以当地的男婚女嫁就用盐和头发当聘礼，这叫‘缘法’（盐发）。”由此可见，聘猫时用盐，并不是降低了规格，而是和人的婚嫁待遇相当。

既然有这样的说法，自然，很多地方将猫送给别人也称之为“嫁猫”。清人黄汉曾经在江西时，还写过一篇《嫁猫》诗，现录如下：

天生物类知几许，人家养猫如养女。
出窝便费阿媪心，抚护长成期捕鼠。
九坎长尾更独胎，团云飞雪毛色开。
唔唔作威良足爱，相攸渐见有人来。
一旦裹盐聘娶逼，阿媪欲辞苦未得。
抱持不舍割爱难，痛惜只争泪沾臆。
柳圈铜铃棉衣兜，先期细意装点周。
相送出门再三嘱，善为喂养毋多尤。
聘人唯唯为猫计，但愿勤能事有济。
鼠耗消兮当策勋，眠毯食鱼应罔替。

从诗中看，这只猫一出生就有一个老奶奶（阿媪）细心地照顾它。猫咪渐渐长大，后来越来越好看，“团云飞雪”一般，还能“唔唔作威”——像小老虎一样奶凶奶凶的。然而喜欢这只猫的人上门来了，带了盐当聘礼，非得要这只小猫。

来者应该是有权有势，老奶奶不敢不依，抱着猫落了好多泪，仔细地给猫准备好“柳圈”“铜铃”“棉衣兜”这些物品，然后再三叮嘱取走这只猫的人要好好对待它，千万不要虐待它。带走这只猫的人也一口承诺，会善待这只猫，如果捉鼠有功，一定会奖励它，让它睡有毛毯，食有鲜鱼。

所以黄汉感慨“人家养猫如养女”，这份心情，和旧时送自己的闺女出嫁是一样的。

和男婚女嫁相似，聘猫还有专用的文书。元代时，《新刊阴阳宝鉴剋择通书》有一个名为“纳猫儿契式”的范本，后世不断沿袭，模式大同小异，下图就是一例：

纳猫儿契式

我们看这份文书，正中央画有一只猫（相当于一寸免冠照片），代表双方交易的正是该猫。猫的画像外写有一圈文字，由内而外逆时钟解读，文字如下：

一只猫儿是黑斑，本在西方诸佛前。
三藏带归家长养，护持经卷在民间。
行契某人是某甲，卖与邻居某人看。
三面断价钱若干，随契已交还卖主。
愿如石崇豪富，寿比彭祖年高。
仓禾自此巡无怠，鼠贼从兹捕不害。
不害头牲并六畜，不得偷盗食诸般。
日夜在家看守物，莫走东畔与西边。
如有故逃走外去，堂前引过受笞鞭。
某年某月某日，行契人某押。

文书的下方，还有两个大牌的“公证人”，所谓“东王公证见南不去”“西王母证见北不游”，期望这只猫从此忠于新主人，老实地待在新家，担任起捉鼠护家，保卫粮仓的任务，并且做到不吃鸡（即头牲）和其他家畜，不再离家出走。不然的话，猫就会受到责打。

正如迎亲路上，有很多的仪式一样，从别人家带回来猫时，也有一些讲究：出发前，聘猫者要从自己家里拿一个盛粮食的斗或者木桶，放上一只布袋（古代没有猫包，于是选用布袋），到了猫主人家，须讨要一只筷子，和猫一起带回来。

如果回来的路上有沟，聘猫者一定要填上土石，这样能保证猫不再出走。回到自己家里后，要带着猫去拜一下灶王爷的神像。

民国灶王年画

拜完了灶王，家中如果养了狗，也要让猫去认识、拜访一下，结识一下家庭新成员，让它们和睦，不再打架。

〔宋〕李迪《秋葵山石图》

从猫主人家带来的那支筷子要横插在一个土堆上。据说这样能保证猫不在家里大便，然后再安排猫在床上舒舒服服地睡觉，这样猫就不会离家出走，逃出家门。

之所以用“筷子”，我猜是因为“筷子”又名“箸”，和“住”是同音，寓意是让猫能在新家中常住。

浙南一带人的风俗，不用筷子，而是拔一株草，截取的长度和这只猫的尾巴等长（不明白什么寓意），回家后在粪堆上插草，然后祷告几声，希望猫不要在家随处大小便。

古时认为灶王爷是一家之主，管的事不少，所以《江淮记》中记载：“失猫者禳灶神，乃以绳绠围捆于灶囱，数日猫反。”意思是如果猫跑丢了的话，就拜拜灶王爷，并且用绳子绑住炉灶上的烟囱，过不几天，猫自己就会回来了。之所以有这样的说法，可能也是因为天冷时，猫喜欢卧在炉灶旁的缘故吧。

现今流传的所谓找猫的“剪刀大法”，也是在灶台上搁一碗水，然后放一把张开的剪刀在上面。之所以放在“灶台”（现在是与时俱进，放在燃气灶上），显然也是传承了古时的做法。

以上这些事显然不怎么科学，看不出有什么严谨的道理。反倒是明代医学家徐春甫的《医统大全》一书中说的还有点可信度：“初乞小猫归，与猪肝一二片，携猫出门外，用细竹枝鞭之，放回家，再与肝二片。如此数次，永不走。”

意思是小猫刚来到家时，就喂它好吃的猪肝，吃了猪肝后，带到门外，用细竹枝打这只猫，让它害怕。然后带回家再给猪肝，如此反复好几次，猫就不走了。

这种做法还是有些道理的，小猫养成了条件反射，出门就要挨打，回家有猪肝吃，所以自然就害怕出门，不愿离家了。当然这种做法在现代人看来，有虐猫的嫌疑。

对于猫的智商，古人也有分辨，《丁兰石尺牍》一书中有云：聪明的猫照镜子时能认出是自己的形象而发声，而愚笨的猫则没有什么反应。确实有人总结过，不少猫对镜中形象根本视而不见，无动于衷；另一些猫则发现这个“奇怪的东西”，但未必知道是自己。据现代科学研究者的论断，猫都是不具备识别镜子中自己形象的能力的，而大猩猩和大象等动物却可以。

古时，有的人家得到一只好猫，怕它走丢了，就长期拴起来养。其实这对猫的健康是相当不利的，现代科学证明：猫被拴起来会变得很紧张，很有可能会患上抑郁症或狂暴症，导致猫死亡。

《猫苑》中记载，有个名叫黄熏仁的人曾经有一只金银眼的花斑猫，品种很好，捉鼠是把好手，但没养半年就死了。后来他反思道："盖以久缚故耳"——即一直拴着它。所以他提醒人们不要因为怕自己的好猫跑掉而一直拴养，这样"损其筋骨"，容易让猫死掉。

如果猫不是自己求来的，而是主动上门，古人认为是吉利的征兆。明代陈邦俊编的《广谐史》有云："猫犬无故入家中，如已养者，主大富贵。"清代翟灏的《通俗编》也有"猪来贫，狗来富，猫来开质库"的话。质库就是当铺，古时都是现金流丰富的富豪才有资本来经营当铺，意思是猫能带来财运。

不过民间也流行着"猪来穷家，狗来富家，猫来孝家"，或者说"猪来穷，狗来富，猫来顶孝布"，意思是猫无端到来会预示着这家有丧事。这样的说法使得不少人心生憎恶，拒绝自行上门的猫。

其实，这是一种误传。明代的《雪涛谈丛》一书中云：有个叫张宗圣的博士[1]解释这一现象时说，因为穷人家的篱笆或土墙往往残破不修，故而猪能够自己跑进来，并不是预兆这家会穷，而是本来就穷；富家经常吃肉，狗闻到味道后，就趁门没关好跑进来想啃点剩骨头，不是预兆这家富，而是本来就富。至于猫来孝家，是以讹传讹，实为"猫来耗家"，哪一家耗子比较多，猫就跟过来了。因为"孝"和"耗"字的读音相近，

1　博士：古代的博士指学术上专通一经或精通一艺、从事教授的人。——编者注

于是人们就以讹传讹了。

喂猫的说法真伪参半

对于猫的喂养，古时没有现代工业化的精致猫粮，不过《东京梦华录·诸色杂卖》有记载过："养猫则供猫食并小鱼。"可见当年北宋都城汴梁中也有专门卖猫粮的店家，只不过就是小鱼拌饭而已。

南宋周辉《清波杂志》卷九有一则和"猫食"有关的故事：苏辙的曾孙苏伯昌，出任长安狱曹的属官时，命当地的衙役买点小鱼喂猫，结果没多久那人却拎来一副猪大肠。苏伯昌认为买错了，结果那人说："俺们这儿都用这个来喂猫。"苏伯昌无奈，只好一边笑一边挥着手让他走了。但之后苏伯昌想来想去，觉得猪大肠喂猫太浪费，便自己做了一盘类似"九转大肠"的菜。后来他才知这边的风俗，以羊肉为贵，对猪下水并不怎么看重，所以都用来喂猫。

而与此相反，湖北的黄州、鄂州等地，因为地处水乡，所以"鱼贱如土"。著名爱猫诗人陆游去四川夔州上任，途经这些地方时，发现一百文钱买到的鱼能供二十来个人吃饱，而他想买一些喂猫的小鱼，根本没有，因为当地人觉得那个根本不值得用钱买。

因为猫喜欢吃鱼，和当年在孟尝君门下抱怨没鱼吃的冯谖有相似之处，所以有古人作诗笑话猫：“冯谖应为有鱼留”。有人说：“可知冯谖为猫之后身乎？”意思是冯谖恐怕前世是一只猫，所以没鱼吃就觉得无法度日。清人厉鹗曾经丢了一只猫，作诗道：“主人尚自羞弹铗，莫怪狸奴唤不回”，意思是说自己都没有鱼吃，但羞于像冯谖一样弹剑求乞，猫儿跟着我也是受苦，跑了不回来，我也不怪它。

程璋《双猫窥鱼图》

由于当时的猫经常在庭院中乱跑，捉一些小鸟之类的小动物吃也是常有的。而古人也有所发现——猫不能吃太多的盐。《医统》有云：“喂猫勿用咸味，恐生癞。”现代科学知识也告诉我们千万不要让猫吃过咸的东西，会造成它们的代谢障碍。因为猫的汗腺不发达，不像其他动物会随汗水排出大量的盐，盐分只能由肾脏排出体外，这对猫的肾脏有很大伤害。长期盐分摄入过多会让猫的毛发黯淡无光，甚至大量掉毛，这也就是古人所说的“生癞”。

《医统》中还记载：“猫忌猪肉，恐生癞。”现代猫粮中的成分也很少有猪肉，这是因为猪肉脂肪含量过多，蛋白质偏少，生猪肉还有寄生虫，所以不宜给猫吃。但煮熟后的少量猪肉还不至于严重危害猫的健康。至于这本医书上的生癞之说，也可能是喂给猫加了佐料和盐的猪肉所致。

南宋末年周密的《癸辛杂识》中说“凡煮杏仁汁，若饮犬猫立死”是很有道理的。杏仁中含有氰化物，会干扰血液中氧气的正常释放，就算是人，如果过量食用也有相当大的副作用。猫体重很小，所以更支持不住，食用杏仁后会引发中毒，导致它们头晕呕吐，甚至窒息死亡。

猫不单不能吃杏仁，很多水果如葡萄、葡萄干、橙子、橘子、柚子、柠檬等，蔬菜如韭菜、洋葱、青葱、大蒜等，花草如百合、绿萝、杜鹃、常春藤、芦荟、康乃馨、水仙等，都不能多吃。

《群芳谱》中记载：“甘草，猫食之立死。”这个倒是有待商榷。现代医学认为甘草是天然的抗组胺剂，可以用来缓解过敏、内分泌失调引发的问题（代谢、生长以及情绪）、消化系统问题、呼吸系统问题，甘草还可以起到清洁血液、消除炎症的作用，对于患有关节炎的猫，是再好不过的天然药材。

明代学者徐树丕在《识小录》中记载，“猫不食虾蟹，狗不食蛙”。这里可能是指的活蟹活虾。有养猫者将螃蟹和活虾放在猫面前，猫见了不敢去抓，反而惶恐躲避。但如果是剁碎的蟹肉虾肉，猫是不会不吃的。

明代医学家周履靖所撰的《夷门广牍》中有记载："猫食鳝则壮，食猪肝则肥，多食肉汤则坏肠。"现代营养学分析，鳝鱼富含DHA、维生素A和卵磷脂，并具有补血养气、提高免疫力的功效，所以对猫大脑、视力的发育是有好处的，可以让猫的毛发顺滑有光泽。猪肝中有丰富的蛋白质、脂肪和维生素，猫也可以吃一些，但这个"多食肉汤则坏肠"比较难理解，一般来说，猫还是可以适量喝点肉汤的，这里说猫喝了肉汤会肠胃不好，估计是肉汤中脂肪太多，或者是里面的调料和盐之类太多了，甚至是放的时间久了变了质，才造成猫腹泻等现象。

《留青日札》是明代文学家田艺蘅的一部野史笔记，其中说："猫食黄鱼则癞"，意思是说猫吃了黄鱼就会浑身长癣，毛也脱落。但《猫苑》作者黄汉觉得此言论不怎么准确，他认为吴越之地多黄花鱼，这里的人几乎没有不用黄花鱼来喂猫的，这些猫也活得很健康，根本不得癞病。于是他怀疑田艺蘅说的是"黄颡鱼"，因为有"浑泥之气"，所以导致猫生病。

当然，现代知识告诉我们，就算是黄颡鱼，如果新鲜且清洁干净的话，猫也可以吃。当时有一个叫余文竹的人也说自己家中有一只很名贵的猫，就是因为吃了黄花鱼，生癞死了。这似乎印证了《留青日札》中的说法，但黄汉推测，可能是广东那边的黄花鱼腐败变质了，故"气味发扬而有毒也"。这个推测还是相当有道理的，黄花鱼本身并没有毒性，不会对猫产生影响，所以古时猫吃黄鱼致病致死的原因，不是腐败变质，就是用盐腌渍的缘故。

古人因为缺乏真正的生理学和营养学知识，常常产生一些以讹传讹的“理论”，多数情况下并没有什么道理，就像现在还流传着不少“食物相克”的理论：比如猪肉和豆类不能一起吃，豆腐和蜂蜜不能一起吃，海带和猪血不能一起吃，水果和海鲜不能一起吃，白酒和白萝卜不能一起吃，等等。

明朝科学家方以智在《物理小识》卷八中云：“烰炭瓨内安猫食，夏月亦不臭。”瓨指长颈的瓮坛类容器。意思是把烧过的木炭装在里面，再放上猫食，就可以在夏天保存相当长的时间。究其原因，一是木炭吸附了猫食的大量水分，从而降低了腐败过程；二是木炭的吸附作用也消除了食物变质的异味。所以虽然这个方法能在夏月里保持猫食不臭，但是否真能保证不变质，也很难说。

类似我们人类会用抽烟喝酒来放松心情，愉悦神经，猫也有专用的“猫零食”“猫用薄荷草”“薄荷粉”之类，有些还做成球状贴在墙上供猫来舔食。现代科学知识告诉我们：猫薄荷也叫猫草，是荆芥属的一种草本植物，它能够释放出一种化学物质，使猫上瘾，产生幻觉和兴奋，从而出现类似抓、咬、打滚、舔食等反应。因为这种状态非常类似人们的醉酒状态，所以宋代陆佃的《埤雅》一书说：“猫以薄荷为酒，食之即醉”。著名北宋画家米芾在《画史》一书中也曾经提到过，五代时的黄筌画过《狸猫颤葧荷》图，被当时的画家蒋长源花两万钱买下。

猫属于纯肉食性动物，缺少解酒酶，反而不如马牛羊等一些素食动物，能够承受较多的酒精。加上猫的体重普遍有限，对于酒的承受力是很小的，如果给猫喝过量的酒，会严重影响猫的健康，甚至导致它死亡。

不过，古人不知道这些道理，就像老一辈的人，有时还用筷子蘸了酒让婴幼儿尝尝一样。黄汉虽然写过《猫苑》一书，堪称爱猫之人，但也曾经给猫喝过酒，还得意洋洋地介绍经验说："猫能饮酒，果然如此，我曾经尝试过，不能一下子给它喝一大杯，应该蘸点酒抹在猫的嘴上，让它舔到有滋味，就不害怕了，舔上十几次，就会像人一样醺醺然出现醉态。"

另外，据说有的猫还嗜好吸烟。清代中期已有烟草传入，据说浙江有一个叫张小涓的县尉，做客温州时养了好多只猫，有次张小涓躺在床上吸烟，那些猫就凑了过来。张含上一口烟，对着猫就喷过去，不想这些猫不但不躲，反而抬鼻迎嗅，一副享受的样子。之后猫们见到张小涓点上烟灯，拿起烟杆，就围过来也开始吸二手烟。

其实动物吸烟喝酒的事情，也不算奇怪，比如像猴子、猩猩之类，经常会像模像样地学人类吸烟，有的甚至成了瘾。不过，无论是烟和酒，都对猫的健康有着极大的危害，爱猫之人，千万不要让猫喝酒抽烟。网上曾经有人为了惩罚不听话的猫，用啤酒将之灌醉，受到爱猫人士的指责。

当然，烟酒对人也是有百害而无一利的。所谓适量饮酒能活血之类，也只是嗜酒者的借口而已。

右图为清代汪士慎所绘《猫图轴》，上面题诗：“每餐先备买鱼钱，曾记携归小似拳。一自爪牙动黠鼠，傍人安稳卧青毡。”不过图中这只猫相貌不怎么可爱，倒像一个神情狡黠的老头儿，像是只爱吸烟的猫。

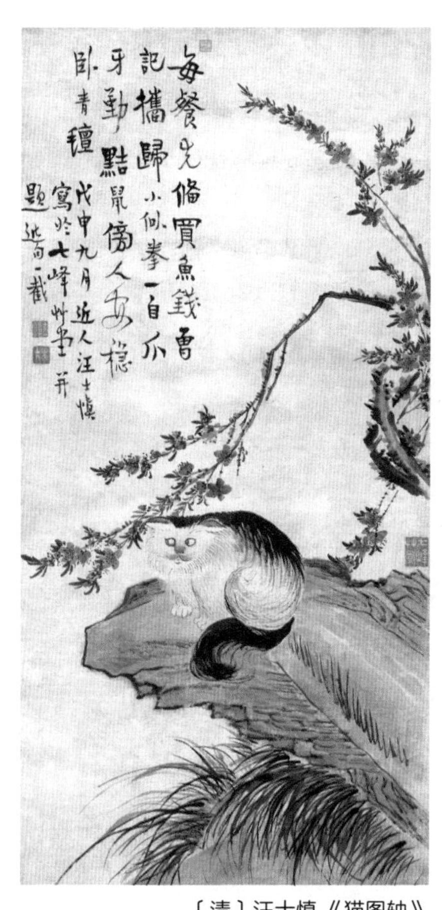

〔清〕汪士慎《猫图轴》

古时家中老鼠泛滥，猫吃老鼠是很常见的事情。有人说猫吃老鼠时，切勿嫌猫扑鼠时弄得血污狼藉而加以驱赶。如果听任猫从容地吃，最后会吃得很干净，越是赶它，最后反而难以打扫。更有人传说，如果有人在旁观看猫吃老鼠，之后猫的牙就会变软，以后再咬老鼠时就会失去威力。

此外，又有人说，猫吃老鼠时，每月的上旬（初一到初十）先吃老鼠的头，中旬（十日到二十日）吃老鼠的肚子，下旬（二十日到三十日）吃老鼠的腿脚，如果这个月是小月（不足三十日），猫就会不吃干净，而是剩下一点。

当然，这种说法太过离奇。还有一部分猫只捉鼠后咬死，而不吃掉，古人也觉得这很好。

民国年画《老鼠告猫》

上图为民国木版年画。画中描绘老鼠到地府状告猫，牛头、马面持钢叉分立两边。画面左边为在一小姐闺房中猫咬老鼠的情景，似乎就是老鼠所告的“案情”，而右边一小鬼用钢叉将老鼠叉入油锅，应该是老鼠告状失败，反而受处罚的结果。

育猫葬猫陋习多

我们现代人在养猫时，很多都给猫咪做了绝育手术。古时的猫，也有“惨遭毒手者”。有个叫丁仲文的广东人讲过“阉猫”的好处，他说公猫阉了后能去除它的狂躁之气，化刚为柔，会变得性情温顺，越长越胖。丁仲文还说，如果只去除公猫一个睾丸，那么猫将会既保留了一些阳刚之气，又变得老实了很多，是很理想的状态。

阉猫，先用一个草垫卷套入猫头，类似现在猫诊所中的“伊丽莎白圈”。因为古时没有宠物医院，都是在主人家实施手术，所以阉猫一定要在室外进行，这样手术完毕后，猫在疼痛恐慌之下，就会往屋里跑。而如果在室内进行，猫疼痛之下跑到户外，从此会造成心理阴影，对屋子里面感到万分恐惧，再想让它回到屋内可就难了。这种情况下，猫很容易跑走丢失。

不过，古代的猫多数是能逃过绝育这一关的，因为古人一向崇尚多子多福，对于六畜之类，也希望它们多生多育。故而给猫狗之类绝育，并不普遍，多数人觉得没必要。

明代高僧志明和尚曾有诗偈：“春叫猫儿猫叫春，听他越叫越精神。老僧亦有猫儿意，不敢人前叫一声。”你看，最讲究戒色断淫的和尚在此诗中，也说猫儿叫春乃正常需求。

〔清〕朱耷《猫石图》

《本草纲目》中记载："俗传牝猫无牡，但以竹帚扫背数次则孕。"又说"用木斗覆猫于灶前，以刷帚头击斗，祝灶神而求之亦孕"。前者说只要扫扫母猫的背就能受孕；后者说用一只盛粮食的大木斗把猫盖在下面，用扫帚击打一下这个斗，拜一下灶神，猫就受孕了。当然这两种说法明显不科学，没有雄猫交配，母猫全凭一只扫帚作法，就能受孕，可以说是无稽之谈。

张衡斋说，猫找伴侣，必然是春猫（春天出生）找春猫，冬猫（冬天生的）找冬猫，不然的话，就算我们"拉郎配"，猫也不会"成亲"的。这事感觉也比较离奇，不可尽信。

据李时珍的《本草纲目》说，猫受孕两个月后就会生小猫。这和现代科学知识相吻合，我们现在一般认为猫的妊娠期约为 63 日，浮动范围在 56—71 天，民间所说的"猫三狗四"，其实多数情况下是不准确的。

《猫苑》作者黄汉对此有错误的论断，他说："猫成胎，有三月而产，名奇窝；四月而产，名偶窝。"

还有种说法认为：腊月出生的猫最为珍贵，初夏出生的叫早蚕猫，也不错，秋季出生的就不怎么好了，而盛夏出生的猫最为低劣，因为它不耐寒冷，冬天需要烤火，称为“煨灶猫”。

这话也没什么道理，猫本身就是一种怕冷的动物，耐寒性远不如狗，无论是生在何种季节，它们都是畏寒的，并不会因为出生在腊月就耐寒。而且以现代人的眼光看，怕冷其实并不算缺点，我们现在都有空调暖气，只要猫模样好，身体棒就可以了。

古人观察到，猫也会因各种原因流产，有个叫陶文伯的人说：“猫怀胎，血气不足者，往往亦成小产，是人兽有同然者。”

另外，当时浙江中部地区民间还流传着所谓“单胎为贵，双胎者贱”的说法，并且还说如果母猫一下子生下四只小猫，就叫“抬轿猫”，最为贱而无用。如果将四只猫打死一两只，那剩下的就比较金贵了，这叫“返贵”。

南宋黄震所著的《黄氏日钞》中记载：“猫初生，见寅肖人，而自食其子。”意思是母猫刚生了小猫后，不能让属老虎的人看到，否则母猫就会把刚生的小猫全吃掉。这个传说，直到如今还在民间广泛流行。但黄汉认为，不是因为属虎的人看到母猫会吃小猫，而是属鼠的人看到才会导致这样的结果。更有传言说，只有在子日生了小猫，再见到属相为鼠的人后，母猫才会吃小猫。

其实以上说法都不科学，就算是人类，看到某一个人后，如果不是他自报年龄，也无法一眼就看出他的属相。其实不只是属虎的人看到小猫，任何人看到小猫后，母猫都会感觉到不安全，很多情况下会将小猫迅速转移到人们看不到的地方。母猫也确实会吃掉小猫，因为人们如果抚摸小猫，小猫的气味会发生改变。这时候的母猫特别敏感，就会做出激烈的行为，最好不要打扰到它，让它安静而自然地度过这一阶段，不要过分关注和关爱，以免好心办坏事。

〔南宋〕毛益《蜀葵游猫图》

上图为南宋毛益所画《蜀葵游猫图》。画上一只母猫，带三只小猫在蜀葵花下玩耍，场面相当温馨。

现在普遍认为，猫的平均寿命在10—15年左右。古人也有这样的看法："养至一纪[1]为上寿，八年为中寿，四年为下寿，一二年者为夭。"意思是说家猫如果能养12年以上就算上寿了，能活8年算中寿，4年为下寿，如果一两年就死了，就算夭亡了。而《庄子·盗跖》有云："人上寿百岁，中寿八十，下寿六十。"夭亡一般是指12岁以下或未成年就去世的情况。

根据猫和人类的年龄换算，猫的12岁大概相当于人类的64岁左右，8岁相当于人类的48岁，4岁相当于人类的32岁，而一两岁则分别相当于人类的15和28岁。由此看来，古时的猫由于医疗条件和饮食，寿命是远不如现在的猫的。据说最长寿的猫活了36年，著名的猫叔（篮子猫）活了18年，相当于人类的88岁高龄。

这种情况也属正常，在古时，人的平均寿命也有"人生七十古来稀"之说，像很多的历史名人，曹操、刘备、李白、杜甫等，都是在五六十岁左右就去世了，相当于猫活10年的样子。

猫去世后，有关后事的处理，前面说过嘉靖皇帝曾经用金棺为其下葬，在民间也有类似的事情。清代钮琇的《觚剩》一书说到秦淮八艳之一的顾媚，十分喜欢猫。她最珍爱一只名为

1　中国古代一纪为12年。——编者注

"乌员"的猫，天天在花栏绣榻间徘徊抚玩，结果喂得太饱，反而因消化不良而死。顾媚心痛至极，茶饭不思，于是她老公龚鼎孳特地用沉香木给猫做了棺材埋葬，并请了十二个尼姑，为猫超度亡灵，足足三天三夜。

不过，大多数猫难有此等生荣死哀的厚葬待遇。《埤雅》一书中竟然说："猫死，不埋于土，悬于树上。"旧时民间也有"死猫挂树头，死狗弃水流"之类谚语，其实这些说法都没有什么科学道理，也相当不人性化，把猫挂树上，类似"挂路灯"这样的残酷私刑，对环境也有害无益。当代人切不可食古不化。

伍

青简留踪

古书中关于猫的故事

〔清〕沈振麟《耄耋同春册》之紫藤狸奴

义猫爱主故事

一般来说，猫的忠诚度不如狗。不过事有例外，古书中也记载了不少猫赤胆忠心、不忘旧主的故事。明代王圻所撰的《续文献通考》中曾经记载过这样一个故事：

姑苏城的齐门（苏州城北门）外有一家小民，因为交不起官家的租税，只好出门躲债。追租的人破门而入，掠走了他们家养的一只猫，卖给了苏州阊门（苏州古城之西门，通往虎丘方向）边的徽州客商。这个客商把猫养在他开的店铺里。过了有一年多，这只猫的原主人路过此地，它突然从店铺里跑出来，穿过人群跳到他的怀里。店铺主人见状，马上冲出来想夺回猫，但猫朝旧主人鸣叫，声音很是悲戚。原主人眼睁睁地看着自己的猫被夺走，虽然满腔悲愤，但无可奈何。到了晚上，原主人睡在船中，突然听得船篷上有动静，他起身一看，惊喜地发现是猫来找他了！更为奇怪的是，猫似乎知道这一切都是因为主人没钱造成的，所以给他衔来了一只绫子织成的精美手帕。原主人打开手帕一看，里面赫然放着五两金子。故事传开后，百姓们都赞叹这只猫真是一只义猫。

故事到此为止，古人记载往往粗疏，从此以后，猫和主人是否能过上幸福的生活，还无从知晓。果不然，清代《坚瓠集》中有后续记载，说是这个贫民得了钱后，第二天给这只猫买了很多的鱼来喂它，结果猫却因为伤食而死，主人只好哭着把它埋葬了。

相比之下，《猫苑》中记载的另一则故事，就暖心多了。说是杭州城内有一个姓金的人，虽然姓金，但一直穷困潦倒。某一天，家里养的猫突然衔回来一对价值连城的龙凤钗，这钗上镶满珍珠。于是金家卖掉后当作本钱做生意，从此发家致富。过了十几年，金家已是当地有名的富豪了。

有道是“吃水不忘挖井人”，金家富了也没有忘记猫，金家老母亲视这只猫如珍宝，特地给这个猫建了一座专用的猫楼，并有特供的床帐被褥之类。金家不但珍爱此猫，对其他猫

〔南宋〕佚名《富贵花狸图》

也极为优待，只要有人带猫上门出售，一般绝不压价，如数收购，于是金家的猫越来越多，竟达几百只，专职负责喂猫的仆人和丫鬟都有七八个。但凡有猫死去，都给予家族成员一样的待遇——用棺材装殓后，起坟安葬。据说这是乾隆年间的事情，杭州没有人不知道的。

在《乐陵县志》中，讲了一则猫千里回家，忠于主人的故事：说是这里有一座观音寺，里面的和尚喂了一只猫，性格非常温顺，毛色也十分奇特可观。但有一天此猫忽然就丢了，好几个月都找不到，直到几个月后的一天，猫带着一路风尘又回到了这座庙里。猫不会说话，和尚自然也不知道它去哪了。

过了几天，寺里来了一个贩茶叶的南方人，这只猫见了他就怒目而视。这个贩茶的人卖了茶叶后，就借寺中的浴池洗澡（古时洗浴条件极差，但佛寺中往往有浴池），这只猫突然就冲进来，死死地咬住这个人的脚指头。和尚慌忙扑打、斥责这只猫。而贩茶客倒也诚实，坦白道："我起了歹心，把这只猫捉了偷偷挟持而去，不想渡黄河时，它挣脱跑掉了。没想到乐陵离黄河这边如此远，它居然能自己跑回来，所以这是只忠心于旧主的好猫，咬我也情有可原，你不要怪它。"

好在这个贩茶客还算诚实，才没有泯灭这只好猫的名声。

而清代徐岳所写的《见闻录》中的故事，就有点过于戏剧化了。山西有一个富贵人家养了一只珍贵的猫，这只猫金睛碧爪，头顶是红色的，尾巴是黑色的，身子洁白如雪，非常通达人性，猫主人很喜欢它。

然而世间的珍贵之物正如武林中到处争夺的屠龙刀一样，常常会给主人带来灾祸。有一个权贵的儿子看上了这只猫，于是百般索求。先是用骏马换，猫主人不应；后用自己漂亮的小妾来换这只猫，猫主人还是不肯；给一千两银子来买，更是不行。于是权贵仗着官大有权，就诬陷猫主人是盗贼，商量着要抄他的家——这和《红楼梦》中的贾赦抢索石呆子的扇子类似。猫主人知道消息后，居然家产全都不要，只带了这只猫逃到了扬州，到一个有生意来往的商人家里躲避。

一波未平一波又起，这个奸商也看上了这只猫。他听猫主人说过誓死不肯出让这只猫的事情，知道无论是金钱还是美女，都不可能得到。于是他心生毒念，备好了毒酒，想借请猫主人吃饭时下手。但奸商在席间刚斟了一杯毒酒，这只猫就跳上去打翻了酒杯，连斟了三次，猫就伸爪打翻了三次。这时猫主人也警觉起来，不敢再逗留，连夜带着猫逃走了。不想过黄河时，猫主人因为惊慌，失足从船上掉进河里，这只猫见主人坠河，大声呼叫，但由于河深浪急，猫主人最终也没能获救。猫见此情景，也跳入河里，沉入波涛之中。

这天晚上，猫主人的好朋友就梦见他说：“我和猫都没有死，去天妃宫了。”好友听了，第二天急忙赶到供奉天妃的庙中，发现猫主人和猫的尸身都在神殿中，于是买了棺木安葬了他，把那只猫也放入棺中，依偎在他身边。

以上这些故事，不免太过神话，里面的猫不但深通人性，而且还能辨别毒酒，智商远超出一般的人类，实在令人难以置信。故事中的主人因爱猫罹祸，却深情不渝，不离不弃。猫也竭力护主，以死相报，听起来比好多人世间的忘恩负义、因爱成仇的故事，更为感动人心。

《续太平广记》和《夷坚志》都记载了这样一则故事：说是南宋高宗绍兴年间，离安徽全椒县外二十里的山中有一座庙，里面住着一个和尚。他一个人生活，只是雇了一个村里的人干点活，打些柴。和尚养了一只猫，十分温驯，每天黏在和尚身边，晚上睡在和尚的床底下。和尚还养了一只狮子狗。

这一天，和尚让仆人去集市上买盐，不知道为什么到了晚上仆人还没有回来。这时候，有一个强盗瞅见只有和尚一个人，就心生歹意，冲进去杀了和尚，抢走了和尚积蓄下来的所有钱财，连同钵盂都拿走了。小狗见了后，悄悄地尾随着这个强盗，来到人多的地方，就拼命扑上去冲着

〔清〕虚谷和尚《杂画册·猫》

强盗嗥叫。这家伙做贼心虚，慌忙逃走，但小狗一直追着他叫，当来到县衙附近时，尤其叫得惨烈。当地人都认识这只小狗，见它这样的奇怪行止，都感觉有些蹊跷。大伙看强盗面生，且形貌凶恶，不似善类，加上神色惊慌，感觉一定有事。于是拦住这个人，跟着小狗回到了庙中，这才发现和尚遇害，惊讶愤怒之余，人们将强盗押到官府治罪。当时天值微暑，猫守在和尚身边，不让老鼠过来啃他的遗体。大家纷纷赞叹这一狗一猫，深通人性，有情有义。

《贤弈编》一书记载过这样一个故事：说是南京有一个仕宦之家的子弟，沉湎于酒色，是个败家子，就和《活着》中的富贵一样，将祖业败了个干净。这一天，官家收税赋的人和私家的债主都过来追索，结果这人给逼得没法子，决心寻死。临死前，他又借了些钱，摆了一桌子宴席，猫见了，一开始跳到桌上想吃，却看到主人对着妻子泣不成声，食不下咽，随后夫

妻俩就上吊自尽了。这只猫在一旁哀号，但它力量弱小，实在没有办法救下主人。最后这只猫见主人死了，于是满桌的鱼肉也不吃了，连叫了好多天，绝食而死。

袁枚的《子不语》中也有类似的故事：江宁府（南京）有个姓王的御史，他的父亲有个 70 多岁的老妾，养了 13 只猫，老太太像疼爱自己的儿女一样疼爱它们，这些猫各有名字，一招呼就过来。到了乾隆乙酉年（1765），老太太病逝，13 只猫绕着棺材悲鸣，喂给它们小鱼，它们全都不吃，饿了三天后都死了。

不过，古人提倡的殉主、殉夫之类，其实都是封建旧礼教的产物，不符合我们现在的道德观和价值观。尤其上述猫殉主故事的第一例，主人本身就是败家子弟，最终苦果自尝，可谓自作自受，也怨不得别人，猫为之殉身，其实大可不必。

我们再来看一个主人护猫，猫救主人的故事（来自《猫苑》）：

山阴（今绍兴）有个人，有一次看见自家的猫和一条大蛇在屋脊上打斗，只见那条蛇从屋顶上逃下来，穿过院中的一个破瓦缸后想逃走。那人急忙挥起手中的锄头，一下子把蛇铲成两截，不想留着上半截的蛇仍然能活，飞窜逃走了。后来这蛇被截断的位置结成一个大肉疤，模样像翻开的嘴唇，有碟子那样大。某一天，主人大白天在床上睡觉，这条蛇就来报仇了。它悄悄从床帐的顶部溜下来，想咬这个人，只不过因为它身子上结的肉疤挡住了，没能快速下行，这时候猫立刻发觉了，于是登上床对着蛇大叫，主人也随即惊醒，那条蛇见偷袭不成，害怕地逃走了。故事传开后，人们都感叹道：“蛇知报冤，猫知卫主也。”

猫和老鼠的故事

美国动画片《猫和老鼠》中，汤姆和杰瑞是一对相爱相杀的冤家。自 1940 年以来，《猫和老鼠》的故事风靡了 80 多年。在这部动画中，老鼠的形象并不可憎，人们反而乐于看到大笨猫汤姆到处碰壁，大触霉头。

但在中国传统中，猫鼠的故事不是这样的。前面说过，古人对于灭鼠有着不可或缺的紧迫需求，所以一只不会捉老鼠的猫是不会被认可的。

《猫苑》作者黄汉曾引录一个无名氏所写的《宝猫说》。这篇文章中说：里巷里有人从大城市得到了一只猫，这只猫身体肥壮魁梧，毛发色泽油亮，脖子上系着一只铃铛，尾巴上拖着彩带，迈的步子从容优雅。一开始，见者无不交口称赞，以为它捕鼠也是一把好手，于是给这只猫良好的待遇，每顿吃鲜鱼好肉，睡觉有厚厚的软毯，并且都呼之为“宝猫”。哪知养了好几个月，老鼠却一直不绝于家，这几个月甚至更加嚣张。开始主人以为这只“宝猫”是懒得抓老鼠，后来仔细观察，发现这只所谓的“宝猫”竟然没能力捉老鼠。这家里原来有一只平平无奇的猫，长得很瘦弱，但捉鼠很勤快，主人呼之为“朴子”。自从有了“宝猫”，主人就把“朴子”赶走了。无奈之下，他只好又找回了“朴子”，而有了“朴子”捉鼠，家里的老鼠渐渐绝迹了。和“宝猫”熟悉了后，“朴子”就亲切地叫着、跳着想和它玩。但“宝猫”冷若冰霜，拒之千里，甚至发威驱逐人家。“朴子”也不生气，就自己走开了。

主人后来详细观察这只“宝猫”，只见它经常高踞在屋脊之上，不是扑蝴蝶、捉知了，就是谈恋爱（原文说“雌雄相追逐”）。看主人端来了大鱼大肉，就扑上去，吃饱了，就四仰八叉地呼呼大睡。

主人见“宝猫”光吃喝不干活，心中不忿，于是找到十几只大老鼠，用绳子拴住，趁“宝猫”睡觉时，扔到它的窝中。“宝猫”见那些老鼠吱呀叫着乱跳，竟然吓得一溜烟跑了，后来再没有回来过。

文章末尾，有个叫桴浮子的书生舞文弄墨，以笔为刀，痛批宝猫曰：“若斯宝猫，固不复知有羞耻事！然不审于衾影中，或稍有愧于心否？呜呼！鼠患炽至于不可救，大抵皆宝猫误之耳，吾愿蓄猫者宜朴子是求，家道受益匪浅，其都会来者，虽体伟毛泽，系铃拖彩，岂皆为可宝哉？既误，慎勿再误也。”

意思说“宝猫”名不符实，德不配位，外表光鲜，实际草包，还不如那只叫“朴子”的小猫，虽然不漂亮，却是普通劳动者，能尽到捉老鼠的本职。

其实，来自大都市的“宝猫”，应该就不是负责捉老鼠的。人家只负责貌美如花，撒娇卖萌就可以了。假如我们今天有人得到这么一只漂亮的“宝猫”，那它不会捉老鼠，能吃能睡又算得什么缺点呢?

所以“宝猫”也很冤枉，这就像我们熟悉的千里马拉盐车的故事一样，分明是“策之不以其道，食之不能尽其材，鸣之而不能通其意”！而“宝猫”也是如此，“宝猫”之宝，非为捉鼠，俗人不识，以至于备受冤枉。

清代有个叫黄薰仁的人讲述自己的经历说，曾经有人送给他父亲一只洋猫，重达十余斤，看起来也威风八面，大伙都以为它很擅长捉老鼠。老鼠们一开始还有点害怕这只猫，但后来觉察到它并不会捉鼠，于是就猖狂起来。而且这只猫还喜欢偷酒喝，整天醺醺然、呼呼酣睡。人们见它不能捕鼠，十分嫌弃它，称它为“怪畜”。而另一只腿有残疾，被呼之为“三脚猫”的猫，虽然连吃食饮水都行动艰难，但十分能干，吓得老鼠远远逃开，不敢进屋。于是黄薰仁称赞这只“三脚猫”就像春秋时晋国的贤臣郤克一样，虽然脚有残疾，但为治世能臣。

我们现在有好多“洋猫”，也是不能捉老鼠的，比如布偶猫、加菲猫、无毛猫、短腿猫、折耳猫以及多数的蓝猫等，却一点也不影响我们对它们的喜爱。

当然，古人也有通情达理，性格豁达的。比如明代王兆云所撰《挥麈新谭》中就说过这样一则故事：

万寿寺里有一个叫彬师的和尚，有一次客人来拜访他，两人相谈甚欢。这时彬师所养的一只猫过来卧在身旁，于是话题就聊到了猫身上。彬师指着猫说："都说鸡有五德，我这只猫也有。"客人当下说道："讲来听听。"彬师一本正经地说："我这猫见鼠不捕，是为仁；老鼠抢猫的食，猫让着它们，这是义；客人来了后摆上酒肉它就出来了，这叫礼；我藏的食物虽然隐秘，但它总能发现，此为智；一到初冬时分，必然躲进土灶里藏身取暖，可称信。"客人听了后，笑得直不起腰来。

这里看似彬师和尚是在开玩笑嘲笑这只猫，但实际上彬师应该是心怀宽广，习禅悟道之人，他并不以此为忤。从这只猫极度信任地依偎在他身边，我们就能看出他对待猫是相当亲切的。

但普罗大众远没有彬师的修为，所以一般人还是对猫能否捉鼠特别看重。如清代程氏编著的《吹影编》里，就讲了这样一只有志气的猫：有个叫王观察的官，家里养了一只狸猫，这天叫唤着向他来求食。王观察一脸不情愿的样子，勉强给了点食物，说："你又不会捉老鼠，凭什么来白吃饭啊！"谁知道第二天他一起床，发现床头前放着十二只死老鼠，都是被此猫捉住咬死后叼过来。这猫似乎听懂了他的话，而且是一只很有志气、渴望证明自己的猫。大概意思就是告诉说："谁说我不会捉老鼠！"

在古时，猫勇于捉鼠，尤其是捉大老鼠的事迹，经常被人们津津乐道。像我们熟知的《聊斋志异》就有这样一篇故事：

明朝万历年间，皇宫中出现了一只巨鼠，大小和猫差不多，危害极为严重。皇帝到处下令征集好猫，来捕捉这只巨鼠，结果都被老鼠咬死吃掉了。

这时有外国进贡来了一只狮猫，它毛色雪白，中土罕见。于是人们把狮猫放进巨鼠盘踞的那间屋子，然后关上窗户，在窗缝间偷偷观察。只见这只猫很长时间蹲在地上不动。过了一会，那只大老鼠从洞中出来了，见了猫后就气势汹汹地扑过来，猫避开跳到桌子上。老鼠随即也跳上了桌子，然后猫就又跳下来，如此往复上下，至少有一百多次。大家看后，都说“完了，完了”，这只猫害怕老鼠，又是一只没用的猫。但是过了一段时间后，大老鼠的跳跃动作渐渐迟缓，看来是体力消耗得差不多了，就蹲在地上想稍稍休息一会儿。就在这个时候，猫却抓住时机，发动了进攻。它快速跳下桌子，伸爪子抓住大老鼠的头，一口咬住了老鼠脖子。辗转争斗中，只听猫呜呜叫，老鼠声啾啾，人们打开窗户想去帮忙时，只见大老鼠的脑袋已经被嚼碎，死在这只猫嘴下了。

大家这才明白，这只狮猫开始的躲避，并不是害怕这只老鼠，而是符合了《孙子兵法》中的“避其锐气，击其惰归”，又如游击战术中的“敌进我退，敌退我追，敌驻我扰，敌疲我打”。作者蒲松龄叙述完这个故事后，赞叹了这只猫的智慧，又感叹道：“匹夫按剑，何异鼠乎！”意思是一味猛冲猛打的莽夫和这个老鼠有什么区别呢！

袁枚的《子不语》中，也有一则类似的故事，说有一家出现了一只巨大的老鼠，很多猫都被这只大老鼠弄死了。后来一个西域来的客商带来一只猫，要价五十两银子，并保证绝对能除掉这只老鼠，否则退款。于是那家人买了猫放在粮仓中，老鼠一来，这只猫就躺在谷物中，仅仅露了点头。老鼠走过来走过去，猫一动不动，就好像看不见似的。等了好长时间，它见老鼠有些疲乏了，于是冲过去死死地咬住老鼠，老鼠用力挣扎，带着猫满地翻滚，但猫就是不松口。过了大半天，人们去看才发现老鼠被咬死，而猫也因使力过度死去了。大家一称，这只老鼠竟然重达三十斤。

明代王兆云所著的《湖海搜奇》中也有这个故事，袁枚书中有抄袭之嫌。而且《湖海搜奇》中说得更细致，有巨鼠的这一家是衍圣公（孔氏后人）。因为这只猫相貌平平，所以孔家人都不怎么相信，于是西域来的客商立下文书，写明除了巨鼠之后才收钱。但是两则故事中，都没有写出人们对于舍命捉鼠的这只猫予以安葬和纪念。

在有些故事中，猫更加神异，还能咬死变成鬼怪的鼠精。《坚瓠集》中记载，有一个在盐城担任过县令的人，名叫张云，他在盐城为官时畜养了一只猫，最为宠爱。几年后他升为御史要走马上任时，也不肯丢弃这只猫，就带着一起同行。这天来到都察院时，大家说这个地方有鬼，晚上不能住。但张云胆子大不信邪，说这么好的房子怎么住不得，于是就住下了。结果夜至二鼓（大致晚 9 点到 11 点左右），有一个白衣人飘然而来，说要求宿。张云还没答话，他养的猫却直接冲上去，一口将这个白衣人咬死了。只见这个白衣人倒地后，化为一只白鼠，从此这座都察院中，再也没有闹过妖怪。

民国年画　《猫鼠大战图》

上图为民国年间年画。画面上题：“鼠子野心，敌抗猫军，损我粮秫，伤害生民。”画面上猫鼠两军作战，杀得天昏地暗，猫军主将骑着一头狐狸，舞着长枪，而老鼠的主将手拿大刀，骑着兔子，落荒而逃，只见猫军士气高昂，擂鼓前进，鼠军却鸣金收兵，想要逃跑。这反映了民间意识中猫鼠不共戴天的理念。

转世猫的故事

明代侯甸所撰的《西樵野记》中记载，明代弘治年初，浙江吴郡的北寺有一个和尚叫了庵，养了一只深通人性的大白猫。和尚把钥匙交给这只猫保管，如果有外出诵经的事情要办，回来时只要一敲门，呼喊猫的名字，猫就叼着钥匙从猫洞里出来了。要是别人来敲门，除非和尚过来，否则猫根本不答应。如此过了有五年多，一天，和尚晚上梦见这只猫说了人话，它说："我前生是周海，欠了你二十两银子没还，今生化为猫身，以此来报答你。这五年来也足够偿还欠债了，所以我就要走啦。"和尚醒来后，惊疑不定，再去寻找这只猫，已经不知所踪。

上述故事在明代郎瑛的《七修类稿》也有相似的记述，不同之处在于这座庙是杭州城东真如寺，和尚名字叫景福，却并没有这只猫是周海转世的情节。相比之下，《七修类稿》里的内容更为可信，猫如果温驯知人，听到主人回来就从墙上开的猫洞里跑出来；而如果不是主人，就躲着不出，这种事是真实合理的。

其实早在北宋时期，方勺所著的《泊宅编》中就记载了类似的故事：和州乌江县的升中寺里，有个和尚欠了方丈的钱，始终没有能力还债。后来这人生了病，眼看就要不行了，于是对庙里方丈说："这辈子我是还不上钱啦，只能来生报答！"

和尚去世这天，方丈正在午睡，梦见这个和尚披着一件衣服，脚步蹒跚地钻入自己的床下就不见了。方丈醒来十分诧异，随即又听说寺里的母猫生下了一只小猫。这只小猫长大后，特别通达人性，重有七八斤，有客人来到时就跑出去欢迎或者通报。事情传开后，不少寺中的和尚都知道是某僧转世，于是就开玩笑喊它生前的名字，这只猫听到后，十分气愤地上前吼叫、撕咬。而方丈有时喊它的生前名字时，这只猫就昂起头来，带着一脸恳求的样子叫唤，似乎让方丈口中留德，不要将这件事公之于众。

北宋何薳编撰的《春渚纪闻》中也有一则猫转世报恩的故事：杭州宝藏寺里有个主管财务的和尚叫志诠，对于香客们施舍的钱财，一直毫发不侵，手脚很干净，非常守规矩。但是有一天，一个和尚对他道："你管的钱很多，先借给我一万钱，然后我还三千个铜钱的利息给你。"志诠答应后，这个和尚到期果然还了三千个铜钱的利息。志诠觉得这三千个铜钱并非是香客施舍，乃是自己"经营"所得，于是就装入自己的腰包，成了他的零花钱。

志诠有养一只猫，他对这只猫很好，无论是吃饭睡觉，都经常和猫在一起。这一天，猫生病死了，志诠大白天做了一个梦，梦见来到一个类似官府衙门的地方，一个纡金曳紫的官过来招呼他，说："我前世曾做过猫，您对我相当好，所以我告诉你一件事，因为你私藏了那三千钱，所以死后当在地狱中受一劫（一劫最少为一千五百九十八万年）之苦。我为你担心，所以问过地府中有没有对冲掉的法子，他们说你如果在阳世中受了十三杖的刑罚，就能抵消。"

志诠醒后，惶恐不已。没过多久，钱塘县令带着家眷来寺里进香，不想其他和尚出门给别人家做道场，没有一个人迎接。县官见此，早憋了一肚子火，走进寺中，又踩了一脚猫屎。于是大怒之下，命随从把留在寺中的志诠揪出来，不由分说就责打了十三杖，然后气冲冲地走了。志诠虽然挨了打，但想起之前做的梦，心知是猫安排的这一出事故，让他免了一劫的地狱之灾，也算报了志诠的恩情。

以上故事，都是和尚与猫的故事，在“佛经故事”中记载过一个关于转世猫的故事，堪称中国古代版的“人鬼情未了”。

话说有一个叫程春渠的客商，把布匹贩到辽东，然后买了人参回中原，一次次来回牟利，赚钱颇丰。谁知乐极生悲，他的儿子刚娶了新媳妇不久，不想程公子在押货途中遇到了强盗，不但劫走了所有的货物，还将程公子一刀杀死。程公子的新婚妻子听到后痛不欲生，从此吃斋念经，清心守节。这天，有邻居送给她一只虎斑猫，肥肥胖胖的，很听话。于是程夫人就养了这只猫，还取名为阿虎。从此，一听夫人的呼唤，阿虎就很伶俐地跑过来。

这只猫就一直陪伴了程夫人十多年，这十多年中，程家发生过好几次危险的事件：第一次，有一个恶少悄悄摸到宅院中，想破门而入，侵犯程夫人，结果猫儿呼叫跳跃示警，惊起了家中的人，恶少这才落荒而逃；第二次，有一个小偷想入室行窃，也是猫儿发觉后拼命号叫，小偷未能得逞；第三次，则是家中人不小心碰翻灯烛，发生了火灾，幸好猫儿叫醒了熟睡的人们，才及时将火扑灭，没有造成大的祸患。

这一天，程夫人做了一个梦，梦见这只猫对她口吐人言，猫说：“我其实是你的丈夫，死后阎罗王念我们有情有义，所以就让我转生为一只猫来陪伴你这十多年，现在我猫寿已尽，下世将转为人了。夫人你经常吃斋念经，很有功德，来生也会转成一个男人，我在阴间求得我们俩一起做同胞兄弟。”

程夫人醒后珠泪涟涟，因为悲伤过度，竟然就此离世。这时，阿虎也同时死去。公爹程春渠听丫鬟转述了程夫人梦中的事情，也相信这只猫是自己的儿子转世，所以在安葬儿媳时，便将猫的遗体一并放进棺中埋了。

1990 年，美国电影《人鬼情未了》上映后，风靡全球、赚尽影迷眼泪。有人评论：“男女主人公苦苦相爱，终因阴阳陌路不能相见互吐衷情。影片正是借幽灵产生一系列的悬念和曲折离奇的情节，观众沉浸在虚幻与真实之中，时而欢乐，时而忧伤，时而为正义所鼓舞，最终被主人公生死不渝的爱情所感动。”

其实，上述这个程公子化身为猫，十年陪伴的情感故事，一点也不比《人鬼情未了》中的剧情逊色，而且这故事，领先这部电影一百多年，更具有开创性。

虐待猫得恶报的故事

下图相传为明代画家仇英所作《村童闹学图》，但看塾师打扮似乎已剃发易服，不像明代人装扮，应是伪作。但这张画作细致还原了当年顽童们闹学的生动情景，极富生活气息。图上，众顽童们将一把芭蕉扇系在猫的尾巴上，搞起了恶作剧。

〔明〕仇英（传）《村童闹学图》（局部）

古今中外不乏一些心理扭曲的人，下毒手虐杀猫，比如曾经报道过有人往猫嘴巴里塞鞭炮、用高跟鞋踩死小猫……毫无人性可信。

在古代，也有一部分人下狠心和毒手来虐待猫。当然，流传的故事中，这些虐待猫的人都没有好下场。

南宋洪迈的《夷坚志》中记载：有一个负责在厨房做饭的丫头名叫庆喜，她将腊熏的兔肉放在厨房，不想让猫叼走了，于是夫人把她臭骂了一通。庆喜十分气愤，就设法捉住了这只猫，看到厨房边有一堆乱柴，就将猫用力一扔，正好插在木叉的叉尖上，把猫的肚子戳得肠胃流出，呼叫了一天一夜才彻底死去。后来过了一年多，庆喜晒衣服时，不小心脚下一滑，往前跌倒，而地上正好插着一根锋利的竹片，一下子刺穿了她的小腹！当时，庆喜流血极多，这种情况如果在今天，抢救及时，是不会致命的，但古代医疗条件落后，庆喜呻吟了一夜，第二天就死去了，大家都说这是她虐猫的报应。

与之类似的，还有《夷坚附录》所记载的：唐侩的大儿子从外面买了一块肉干带回家，准备下酒。他忙着生炉温酒，不想一转眼，肉干被猫吃了。他心头大怒，手边有一把火钳子，拿起来劈头就将猫打得头骨碎裂而死。不想当天晚上，他就生了病，梦见被他打死的那只猫一直在床边凝视着他，吓得他不停地号叫，三更时分就死了。[1]

《咸平录》中记载宋代有个叫朱沛的人喜欢养鹁鸽，有一天过来一只猫把他的鸽子给吃了。朱沛捉住这只猫，把猫的四条腿都砍断，任由这只猫在堂室之间惨叫辗转，好多天才死去。朱沛先后又杀了十几只猫，都是用这种非常残忍的方式。结果，他的妻子连生了两个儿子，都是没手缺足的怪胎，邻居们都说这就是朱沛对猫残忍的报应。

如果说，以上的猫自身还稍微有一些过错，毕竟偷吃肉和扑食鸟禽在先，接下来这个故事中的主角就真是天生“坏种”，虐待猫的行为令人发指。清代文人施闰章在《矩斋杂记》中讲了这样一个故事：有一个村农养了一只黑猫，这年冬天，猫正偎着火炉睡得香香的。可这厮心生恶念，竟然在炉子上熔化了一些锡汁（古时经常用锡器），然后捉住猫趁它张嘴时，就将

1　此事未见《夷坚志》记载。——编者注

滚烫的锡汁灌到猫喉咙里，将猫活活烫死，并且剥了猫的皮，做了顶帽子。然而，数日之后，这厮就得到了报应——他忽然感到咽喉剧痛，像吞了火炭一样，于是捂住脖子大叫："猫在咬我的喉咙！"随即他的喉咙、舌头都肿了起来，无法喝水吃饭，最终饥渴而死。

纪晓岚在《阅微草堂笔记》中记载了一则逸事。福建的一个贵妇人，最喜欢吃猫肉。她命人找了一个大瓮，里面盛满石灰，然后将猫捉来，扔在里面，再灌上沸水。说是这样能把猫的皮很轻松地剥下来，又能让猫的血气归于内脏，肉里不带污血，洁白如玉，吃起来比小雏鸡的味道强十倍以上。这个婆娘天天让人张网设机捕捉猫，被她残杀后吃掉的猫不可胜数。终于有一天，这个婆娘得了病，浑身痛不可当，口里喃喃叫着，很像猫叫，最后挣扎了十多天才断气。

《太平广记》中还有个记载说，进士归系（晚唐状元归佾之弟）暑天里带自己的小儿子在厅中睡觉，忽然有一只猫大声叫唤，把小儿子惊醒了。归系大怒，让仆人用木枕一下子就把猫拍死了。结果他的孩子随后就傻了，口中发出类似猫叫的声音，几天后就死了。

与之类似，清末爱猫才女孙荪意所撰的《衔蝉小录》中说：苏州有一个书生，性情十分残暴，经常虐待动物。他家里养了一只猫，一开始还是很疼爱的，但是有一次猫偷了家里的食物后，这人就勃然大怒，把猫捉住后将它的四个爪子钉在一块木板上，然后扔到河里。过了一段时间，这个书生考中了功名，去京城当官，他老婆也随同他乘船出发，要去京师居住。中途他们在旅馆里住下，书生的老婆怀里抱着一周多的小儿子在院里玩，这时就看到跑过来一只猫，样子很像原来她家养过的那只。她刚想凑近仔细看一下，殊不知那只猫猛地跳过来，把她怀中小儿的皮肤抓破了。小孩受了惊吓，啼哭不止。这家旅店的老板娘过来解释说，几年前，她的相公去苏州游玩，忽然觉得有东西碰到自己所乘的船，朝水面一看，水中有一只四爪被钉在木板上的猫，已是奄奄一息。他觉得这小生命非常可怜，于是就把猫救了起来，给它去了钉子，并加以医治，后来就带回家好好地喂养。这只猫一直很温驯听话，不知道为什么，今天突然发起狂来，实在是很罕见的事情。这个书生的老婆听到后默然不语，心知是报应，结果没几天，她的小儿因为惊吓抽风夭折了。

以上故事在今天看来，封建迷信的色彩比较浓郁，未必可信。但是这些故事在当年是很有意义的，能给这些虐猫之辈足够的心理威慑。善良、通情达理的人，是不会有虐猫行为的，而一些素质低下、蛮不讲理的人，只有被报应的铁锤砸到时，他们才会醒悟。所以，古时流传这样一类故事，对培养爱护猫的良好社会风尚是有积极意义的。

《阅微草堂笔记》中还曾经讲过一个郭太安人[1]教育她的丫鬟的故事，在当时就代表了这种教化的意义：

1　明清时，六品官之妻封安人。如封号给其母或祖母，则称太安人。——编者注

郭太安人家里养了一只很有灵性的猫，但有个丫头非常讨厌它，见它就打，那只猫对她十分惧怕。有一天，有人送来一些品种很珍贵的梨，郭老太太就让这个丫头收着，哪知道才过了几天拿出来一看，竟然少了六枚。郭老太太的儿子脾气暴躁，当下就认为是丫头偷吃了，不由分说拿起鞭子抽打了她一通。丫头心里委屈，后来仔细一找，在厨房灶下的冷灰中把这六枚梨都找到了，只是梨上都有猫爪的痕迹。她马上醒悟：原来是猫记恨她，故意偷梨来陷害她，让她挨打！想到这里，她怒气冲冲地向郭老太太汇报，又捉住了那只猫，想把猫活活打死。郭老太太忙劝道："这只猫既然这样有灵性，还知道报复你，你要是把它弄死了，它岂不是化成鬼祟来危害你，那可就更麻烦了。"丫头听了，觉得很有道理，于是不再打猫，猫也不再怕她，对她友善，从此府中一团和气、平安喜乐。

最后再讲一个虐猫程度最轻，但损失不可谓不重的人，他因为踢了猫一脚，而失去了整个江山——他就是南宋时的赵伯浩。

话说南宋当年，宋高宗赵构仓皇逃到江南，好不容易稳住了半壁江山。但又面临了一个大问题：赵构唯一的小儿夭折，自己又丧失了生育功能，立太子的事情颇伤脑筋。当时朝野上下还流传着这样一种说法，说是当年赵光义于"烛影斧声"的雪夜害了哥哥赵匡胤，所以赵匡胤投胎转世为金太宗完颜晟来报仇，这才有了"靖康之难"。有见过完颜晟的宋国使者，绘声绘色地描述其形貌，说此人和宗庙里赵匡胤的画像极为相似。

所以如果想保住南宋，只有传给宋太祖这一系的赵氏子孙才能化解这场灾难。

赵构心想，反正自己没有亲生儿子可传，传给哪一系皇族后嗣，其实都差不多，于是就命人从赵匡胤这一系的七世孙中来挑选后代。选来选去，挑了十个小孩儿，后来进一步优中选优，选拔出两个人来见宋高宗赵构。

赵构见这两个小孩，一个胖乎乎的，一个有些清瘦，当下心想胖小孩肯定身体好，于是暗中下决心将皇位传给胖小孩了。这时，宫中喂养的一只小猫逛来逛去，来到胖小孩的腿边。胖小孩十分淘气，抬脚就踢了猫一下。这下，赵构变了主意，他想："这个胖小孩如此不稳重，也没有爱心，猫又没有碍他什么事，无端踢人家一脚做什么？"于是将瘦小孩留下，把胖小孩打发回家了。瘦小孩叫赵伯琮，后来改名赵昚，是为南宋第二任皇帝宋孝宗。而胖小孩赵伯浩，因为踢猫被打发回家，官只当到了温州都监。《水浒传》中写过"张都监血溅鸳鸯楼"，可见都监这种官只是个中下级的小角色。

所以不爱猫的赵伯浩一脚踢走了感受万丈荣光的至尊之位，并影响了八辈子孙的泼天富贵，你说他事后会不会特别后悔没有礼貌对待那只猫？

猫能说话的有趣故事

电影《妖猫传》中，有一只会口吐人语的妖猫，这个情节不是无源无本，在中国古书中，有很多猫讲人话的故事。

唐代孙光宪的《北梦琐言》有记载，当时有个军容使（相当于监军）叫严遵美，有一天突然发了狂，不由自主地手舞足蹈起来。旁边有一猫一狗，猫忽对狗说："老严羊癫风发作了。"狗说："莫管他。"过了一会儿，严遵美恢复了正常，但猫狗的对话令人十分惊异。当然，这是老严发羊癫风时出现的幻觉也未可知。

北宋彭乘的《续墨客挥犀》也记载说：鄱阳有个书生叫龚纪，赶考去后，家中发生了诸多妖异之事，于是商量着请来一个叫徐姥的巫婆来祷治。这时有一只猫正卧在火炉旁边，家里人指着它对巫婆徐姥说："我家里好多东西都成精了，就是这个猫还好。"哪知话音刚落，那只猫就像人一样站起来，拱了拱手说道："不敢。"巫婆徐姥见此情景，吓得一溜烟跑了。不过数天之后，家里并没有什么祸事发生，反而是龚纪中举的捷报传来了，所以由此看来，猫成精说话也并非预示祸事。

清代和邦额所著的《夜谭随录》和我们熟悉的《聊斋志异》相似，都是谈狐说鬼的志怪小说。其中也讲了两则猫会说话的故事，但不同的是，这两家主人都因为不公正地对待会说话的猫，从而引来了灾祸。

其中一则故事说，某公子在官府当笔帖式[1]，年纪轻轻，又担任要职，家中也很有钱，而且父母俱在，兄弟满堂，家业人丁都兴旺，应该说生活相当幸福了。他有一个爱好，就是喜欢养猫，家里黑猫白猫，大大小小十数只。每天吃饭时，这些猫就一起聚到饭桌前，嗷嗷乱叫。公子爱猫，于是这些猫“饭鲜眠毯”，吃的是鲜鱼，睡的是毛毯，待遇很好。

这天正值饭后，公子的夫人呼唤丫鬟，碰巧下人们都不在，一连喊了四次，都没有回应。公子正要生气，却听得窗外有一个声音代为呼唤，声音十分奇特。公子掀开帘子一看，只见并无别人，只有一只猫蹲在窗台上，回头朝向他，面上似乎还带有笑容。

公子大吃一惊，回屋去告诉老婆。公子的兄弟们也听到了，于是一起围过来看这只猫，初时大伙以为是玩笑，就逗猫说：“刚才呼唤丫鬟的，难道是你吗？”

哪知道这只猫突然张口道：“对！”大家不禁哗然，纷纷惊异。老父亲觉得猫会说话是不祥之事，就命大家伙捉住它，猫叫道：“别抓我，别抓我！”说完纵身一跃，直接跳上屋檐跑远了，好多天都不再来。

全家心中惶然，对此事谈论不休。过了一些时日，这天小丫头正在喂猫，发现那只会说话的猫又混在猫群中吃食了。她慌忙跑到屋里，向诸位公子报告。这次几个兄弟一块设法捉住

1　笔帖式：官府中负责文书的公务员。在清代，笔帖式是升职极快的清要之职。

了这只猫，把它捆住，打了几十鞭。猫疼得嗷嗷乱叫，但神情倔强，没有半点服软之意。当下哥几个就想杀掉这只猫，他们的老父亲说："它既然能作妖，杀之恐怕对我们家不利，不如扔掉。"

但是兄弟几个并没有直接把猫放掉，而是私下里吩咐两个奴仆，把猫装在盛米的布袋中，背起来投到河里。这两个仆人刚出城，就觉得后背轻了，再一看布袋已经空空如也，等他们急匆匆地沿着河赶回去，只见猫已经先进了家。这只猫到了内室，揭帘而入，见这一大家子的兄弟们还围着老爹在谈论此事，见到猫自行回来，这些人就像鸳鸯楼上的张都监、蒋门神等人见到武松回来

〔宋〕佚名《戏猫图》

一样，都惊呆了。

只见猫一纵身，跳上一把交椅，对老头子怒目而视，厉声骂道："你这个尸居余气的老奴才，想把我淹死吗？在你家，你是一家之主，辈分最高，但若在我家，你就是儿孙辈，为何丧心病狂成这样子？你家大祸临头，马上就要来了，不担心自己的老命，却想害我这样一只小猫，实在是大错特错！你想想平生的作为吧，你和蝼蚁一样，全靠拍马逢迎当上了官，一开始在刑部任职，后来出任两个州的知府。当了官后，你也不干好事，而是贪赃枉法，残害百姓。你乱用酷刑，作威作福，草菅人命，做官这二十年，不知有多少无辜百姓死在你手中！现在你老了，还想退休后在林泉之下安享晚年，寿终正寝，这是痴心妄想！你兽心人面，是人中的妖孽，现在反而觉得我是怪物，真是天下之怪事！"

大家见猫越骂越狠，纷纷上前想捉打这只猫，他们有的挥动古剑，有的投掷铜瓶，一时间茶碗香炉等都向猫扔过去。猫骂完后，冷笑着起身道："我走了，你这个家不久就要败掉，我不跟你们这些人纠缠了。"

猫跳出门外，上了树后走远，从此后再没有回到这里。半年后，这家遇到了瘟疫，一天就死三四个人。随后，公子因为和别人争地被免了笔帖式的官职，老爹和老母在忧郁中相继死去。两年之内，公子的兄弟、姊妹、妯娌、子侄、奴仆几乎全死了，只剩下公子夫妇、一名老仆和一个丫头，家里也钱财荡尽，穷困潦倒。

同样是这本书，又记载了另外一个故事：有个做黄门侍郎的人对作者讲，他有一个亲戚，喜欢养猫，家里有一群。有天，主人突然听到有人在说话，仔细一看，原来是一只猫，当下吃惊不小，于是把猫捉住，捆起来打骂，问它是怎么回事，是不是成精了。只听那只猫说道："大多数猫都会说话，只是怕人们忌讳，所以不敢出声。如今我无意中脱口而出，你们人类常说'驷不及舌'，我现在后悔也来不及了！母猫没有不会说话的。"主人不信，于是命仆人再捉来一只母猫，抽打它，让它说话，那只母猫只是嗷嗷叫着，用眼睛看那只说过话的猫，那只猫劝说同伴："事已至此，你就别撑着了，少受点皮肉之苦吧！"于是这只猫也说出人话来求饶了。主人信了这回事，但不敢留下这两只猫，就把它们赶走了，后来他家里也出现了不少倒霉事。

清代乐钧所著的《耳食录》还记载了一个两猫对话的故事，说是某人晚上刚想睡觉，突然听到窗外有窃窃私语的声音，于是就悄悄起来窥视。当时月明星稀，照如白昼，但是四顾并无他人，再仔细一观察，竟然是自己家的猫和邻居家的猫在说话！只听邻居的猫说："西邻在娶新媳妇，咱过去看看吧？"自家猫却摇头说："这家的厨娘太狡猾，把好吃的东西藏得太严实了，我们去了根本偷不到，还是别费力气了。"邻居猫又说："就算是这样，咱姑且过去看看，万一有机会呢，没什么害处啊。"家猫还是说："没意思，无益处。"只见邻猫诚恳地邀请，家猫却固执地推辞，来回多次。最后邻猫一跃上了墙，仍旧回头望着家猫说："过来啊，过来！"家猫被邀得有点不好意思，于是也一跃上墙跟着它去了，口中说："唉，不想去，就算给你当个伴吧。"

这个人见此情景，吓得不轻，第二天就捉住自己家的猫想打死它，并斥责道："你不过是只猫，怎么竟然会说人话？"哪知道猫却委屈地说："猫其实都能说话的，天下的猫都会，并不是只有我这样。你既然讨厌我说话，我以后不说了就是！"

这人听了更加恼怒，说："你真是个妖孽！"说着举起一个大棒槌就要打死猫。猫大叫道："冤枉啊，我真没有罪，你要打死我，也听我说完这段话再下手！"那人说："你这个猫妖，还有什么话说？"

猫振振有词地说道："我如果真是妖，就凭你能捉住我吗？如果我不是妖，你让我蒙冤而死，我必然化为厉鬼来复仇，你还能再除掉我吗？而且这么多年来，我为你家里捕鼠无数，没功劳也有苦劳！你杀掉有功之臣，是不是不讲道理？如果我死

〔宋〕靳青《双猫图》

了，老鼠们必然会呼朋唤友，来到你家，吃你储存的粮食，咬坏你的衣服和书籍，打翻你屋里的用具，让你一晚上睡不好觉。所以，你不如放了我，我还能给你效力，今天你的不杀之恩，我是永世不忘的。”

这人听了，觉得有道理的，于是笑了笑，就放了猫。猫怕他会反悔，后来就自己逃走了，这家也没有发生什么不正常的事情。由此可见，此人之所以没有倒霉，是因为他主动释放了猫，与之达成了和解，所以后来的遭遇和前两者不同。

《清稗类钞》也有类似的故事，说是江西某总兵衙门里两猫对话，总兵捉住其中一只，猫说：“我活十二年，怕人害怕不敢轻易说话，您要是能饶过我，必感大恩大德。”于是总兵放了它。

有些猫不但会说话，还会唱歌、唱戏。《夜谭随录》记载说，有个护军参领舒某，平生喜欢唱歌，简直是曲不离口，无论行立坐卧，嘴里总是哼着曲调。这一天傍晚，来了一个懂音律的友人，舒某和朋友在屋里喝酒、唱歌，好不快活，一直到了二更时分，还这边唱来那边和。就在此时，屋子外面有个声音细声细语地唱《敬德打朝》的曲子。舒某仔细一听，字音清楚合拍，唱得好极了，真是妙不可言。舒某忽然想到家中只有一个僮仆，素来五音不全，不会唱歌。院门一直关着，那又是谁在院中唱歌呢？想到这里，舒某心头一惊，悄悄出来窥视，只见一只猫像人一样站立在月光之下，边唱边舞。舒某惊得目瞪口呆，连忙示意他的朋友过来看，但这时候猫已经察觉到屋内的动静，跃在了墙头上。舒某捡起一块石头向猫扔过去，只见那只猫从墙头跳了下去，看不见了，但歌声依旧从墙外幽幽地传过来。

当时一个署名兰岩的评书者说：“舒喜歌唱，而猫亦效尤，舒应乐其善继主人也，何以石投之哉？”意思是舒某应该乐于看到猫学着主人的爱好，为什么要用石头砸人家？当然，这只猫应该不是舒某家养的，而是自己闻声跑过来的“流浪猫”，所以“善继主人”一说并不准确。

其实，我觉得对于猫说话唱歌等事，就应该像唐朝宰相魏元忠那样泰然处之，不以为怪。《见异录》曾有记录：魏元忠当年没发达时，家里穷得很，只有一个丫头负责烧火做饭，时常手忙脚乱。结果这天突然过来一只老猿猴，帮着来拾柴看火。那丫头大惊失色，跑来告诉魏元忠，结果魏元忠见怪不怪，说：“猿猴知我缺仆人，特地来帮忙啊！”又有一天，他喊一个年老的奴仆，喊了几声老仆没答应，结果家中的一只狗就替他喊了一声，魏元忠也不惊怪，反而夸道：“这是一只孝顺的狗啊！”凡此怪事，有好多起，但后来这些怪物见魏元忠有此雅量和气度，就不再骚扰了。

前文也有过猫帮着唤人的事情，结果引发了一场灾祸，要是上面故事中的那个公子也能和魏元忠一样坦然处之，相信一定会化解后面的一切问题的。只不过平常俗人哪有魏宰相肚里能撑船的胸怀呢？

最后，让我们来看一个温暖和谐的故事吧。《清稗类钞》

中写晚清光绪宣统年间，通州有个叫郭季庭的，他听说某人养了一只通灵老猫，能说人话。他一开始不信，就试着跑过去看。刚到门口，那猫就高声呼道："郭季庭，你不信猫能说人话吗？"郭季庭大惊失色，于是非常恭敬地向猫请教。猫说："我已活了上千年，辽金当年发生的事情，我感觉和昨天一样。"郭季庭问它长寿的秘诀，猫说："我没别的爱好，就是嗜酒。"郭季庭当即拿来好酒和猫一起喝，只见猫酒量甚宏，千杯不醉，于是此后一人一猫，成为莫逆知交。

猫神、猫妖和猫鬼的神秘传说

猫神贝斯特

无论是东方还是西方，猫的独特气质，会给人一种神秘感。

贝斯特(Bastet)是古埃及神话中的猫神。在当时，猫被认为是拥有神圣能量的神奇生物，地位相当高，经常被描绘在壁画、绘画、雕塑和纪念碑中，还有的猫死后被制成木乃伊，并有精美的石棺来下葬。

日本人对猫也一度十分崇拜，九州岛最南端有一个非常小的神社，里面供奉着猫，这就是日本乃至全世界都非常有名的猫神神社。

清代黄汉在《猫苑》中记载，安南(今越南）有一座猫将军庙，里面的神像是猫头人身的模样。大家说这个猫将军十分灵异，所以中国人去的时候最好上香拜访，祈祷吉祥，或请猫神赐签，从而决定自己的行动。

［日］歌川国芳《猫》

《山川记异》一书也有记录，河南永宁天坛山中，有一座仙猫洞。传说原来这里住着一个燕真人，他炼成了仙丹，然后带着鸡犬飞升成仙，只有猫留下没去。于是就长居此洞中，成了猫仙。人们有时见到它，就在洞口喊它为“仙哥”，这只猫就会和人应答。著名诗人元好问曾写下一首《仙猫洞诗》，其中自注说，这一天儿子叔仪在洞口呼猫，他听到了里面有答应的声音。

《酉阳杂俎》中也记载了一只猫仙，其中说“平陵城，古谭国也，城中有一猫，常带金锁，有钱飞若蛱蝶，土人往往见之”，也就是说平陵城（现山东济南章丘区一带）是春秋时的古谭国，城中有一只经常戴着金锁的仙猫，它出现时，围绕身边有无数铜钱飞舞，有如蝴蝶一般，当地人经常能看到这只仙猫。

不过，东西方也有很多关于猫妖和猫鬼的传说。西方中世纪时，人们把猫和女巫一起作为邪恶力量来铲除，并流传着邪恶黑女巫骑着大黑猫在天空飞翔，寻找毒药和魔法草药之类的说法。当时欧洲到处杀猫，尤其是黑猫，愚昧的人把黑猫扔进火堆中烧死，或者是带到塔楼的最高处，扔下来活活摔死。但有的猫因为身手很好，当时的塔楼高度也不是太高，所以没能一下子就摔死。于是人们编造更多谣言，说这些猫是会巫术的精怪。还有的人甚至将黑猫砌到墙里活活闷死，1950 年维修伦敦塔的过程中，施工人员就发现好多墙中的猫骸骨。然而，虐杀猫的后果，是导致老鼠和黑死病的盛行，使得当时欧洲的人尸枕狼藉，病死者比比皆是，从而付出了惨重代价。

而在日本，猫妖称为猫又、猫股，是拥有两条尾巴的黑猫，耳朵大而尖，牙齿为双面锯齿，有两条尾巴，并且喜欢学人说话，也会直立行走。因为十岁以上的老猫才能变成猫妖，所以猫妖的形象经常是老太婆。据说猫妖也会变成妩媚可爱的小姐姐形象，但猫妖变身的小姐姐，并不会像聊斋中的狐女那样诚心为男人付出，而是最终会抓瞎男人的双眼。不过，现在很多动漫或游戏中的猫妖形象，也变得比较善良可爱了，比如《东方 project》中的橙。

［日］歌川国芳《猫饲好五十三匹》（局部）

中国的古书中也记载了不少的猫妖传说。比如北宋初，徐铉在《稽神录》一书中曾说过，五代时王建在蜀中称帝，他的宠臣唐道袭家里就有一只猫化龙飞走了。说是这天正值夏日，天降暴雨，唐家养的猫在屋檐下玩落下的雨滴，唐道袭初时不经意，哪知道定睛一看，这只猫竟然越长越大，不一会儿，前爪都够上屋檐了。只听一道闪电，一声雷鸣，这只猫竟然化为龙形飞升而去。

《猫苑》中记载，作者的爷爷曾经和他讲过：“家猫失养，则成野猫，野猫不死，久而能成精怪。”这事其实也挺玄乎，照这样说城市里流浪猫多了也会成精了。

作为佐证，有个叫丁雨生的人曾说过，广东惠州、潮州一带官衙里多有野猫，每到夜深人静时就出来，双眼在暗中熠熠生光，望之如萤火（其实这是猫眼的正常现象）。丁雨生说这些都是失去了主人的流浪猫，它们吸月饮露，天长日久就成了精，所以上下墙屋，身体轻灵，矫健如飞（其实猫的本性就是擅长轻功）。当时官衙里养了孔雀，也被猫咬死了，但从此以后，猫就不再来了。当时的人以为孔雀血有毒，把猫给毒死了。而现代科学告诉我们，孔雀血并没有毒，猫之所以不再过来，也许是受到了别的惊吓。

《坚瓠集》中也记载，说是浙江金华的猫，养到三年之后，就会拜月成妖了。它们每天午夜时分，蹲踞在屋脊之上，张着口对着明月，吸取月之精华，时间久了就会成精。因为传说猫能拜月成妖，所以后来浙江宁波一带的人养猫时，一见它有伸爪拜月的动作，就要打死，说是怕它成了猫妖来害人。其实民间素有“狗喜雪，猫喜月”的说法，猫本来就是习惯夜间活动的动物，对光线的变化远比人敏感得多，夜晚，如果月亮特别明亮，猫对之感兴趣又有什么奇怪的呢？但是，在古代，不少人还是笃信这个说法的。

古人认为修炼成妖的猫，会藏在深山幽谷之中，白天就隐匿不出，晚上就出来魅惑世人。猫妖深谙异性相吸的道理，如果是雌性猫妖就化身为帅哥形象，而遇到雄性猫妖就变身为美女。猫妖潜入家中后，会先在缸、壶等饮用水中撒尿，人们如果喝了这种水之后，就见不到猫妖的真实形象了。和猫妖交往之后，时间一长，就会生病。那破解的方法是什么呢？书中说是用一件青色的衣服盖在猫妖变化成的帅哥或美女身上，如果天明后发现身上有毛，就证明是猫妖了。再约一些打猎的人，多牵几只猎狗来，就能把这个猫妖捉住，然后把猫妖剥皮烤肉来吃，病者就会痊愈。但是如果男人有病捕获的是雄猫，女人有病捕获的是雌猫，那这个病人就没治了。书中还举了一个实际例子：说是府庠（主管府级地方教育事务的官）张光文有个十八岁的年轻闺女，就被猫妖迷惑了，后来身体很差，严重脱发，头都快秃了，后来证明是猫妖作怪，于是设法捉到一只雄猫，后来张姑娘的病就好了。

《夷坚志》中说临安（杭州）丰乐桥畔开机坊的周五家，女儿很有姿色，这一日听到街头有卖花的叫喊声，出门一看，花朵鲜妍艳丽，比平时见的漂亮多了，于是就悉数买下，遍插于房中。之后周家女儿就仿佛中了邪，从此白天睡起来就没够，根本不醒，晚上却活跃起来。一到晚上，就仔细地梳妆打扮，换上漂亮衣服，半夜时分，父母好像听到她在和人说话，却看不到有人。见此情形，不免害怕了，就邀请法师来降妖，但根本没什么效果。

这一天周五在候潮门外碰到了卖面人的羽三，羽三见了他，就说："听说你家有了妖祟，一直治不了，是这样吗？"周五愁眉苦脸地说："是啊，我都快愁死了，但没有办法啊！"羽三说："这是猫妖作怪，明天我去给你除掉它。"

第二天，周五早早地就备好了香烛和酒肴，恭恭敬敬地迎候羽三。羽三踏罡步斗，作起法来，只见周女已是脸色大变，羽三又挥动一只木剑，说是已经斩掉了猫妖的脑袋。这时周五的女儿昏昏然地倒在卧房里睡过去了。等再醒之后，就完全是一副精神饱满的样子了。

〔清〕任伯年《花鸟蔬果册》页（猫）

父母问她这几天都见到了什么，周女说每天黄昏以后，就有一个状貌奇伟的少年，穿着华丽的衣服，骑着马过来，两侧有随从举着红蜡烛在前作引导，后面还有好多人吹着笙箫。一旦有饮食等所需物品，他的手下人就应声而办，完全是贵公子的行止。回想那人的谈笑，和人类一模一样。除了猫妖后，又过了几天，周女发现好像怀孕了，于是又找这个羽三想办法，羽三画了一道符让她吞了，之后就一切正常，再没有发生什么事。

袁枚的《子不语》中也记录了一则猫妖害人的故事：说是江苏靖江县姓张的人家附近的泥沟里，突然有一股大蛇一般的黑气冲天而起，一瞬间天昏地暗。这时就有一个两眼泛绿的人趁着黑夜奸淫了张家的丫鬟。于是张家人请画符捉鬼的道士来除妖，结果都不管用。后来有个道士无奈，只好带着张氏去求张天师。张天师答应后，但见黑云四起，雷声大作，道士喜道："这个妖已经被雷劈死了。"张氏回家一看，果然看到屋角震死了一只身形有驴那样大的巨猫。

在中国古代的传统神话中，男妖迷惑女人，往往是罪不容诛，丝毫不被人同情，而女妖、女鬼和男人的故事，就会得到不少人的同情，比如聂小倩和宁采臣，白娘子和许仙之类，更不用说聊斋中诸多的女狐和书生的故事。

所以同样是《夷坚志》这本书中，这一则女猫妖的故事，就显出猫妖也不是那样可恨，反而让人有叹惋之感：

有个年轻的秀才叫顾端仁，本为河北人，后来移居到钱塘（杭州）的修文巷住下。他当时还是个单身汉，没有娶妻成婚。这一天，在吃饭的时候，突然眼前一恍惚，看到一个“颜貌光丽”的女子走了过来，直接来到顾秀才面前，用手捂住他的饭碗，好像也想吃饭的样子。

一同吃饭的父母是看不见这个女子的，见顾秀才面色有异，就问他是怎么回事。顾秀才不敢直接告诉父母，当下找了个借口隐瞒。从此以后，顾端仁就为其所迷，闷闷不乐，精神恍惚，有人和他谈话，他总是不应不答，或是答非所问，像是傻了一样。这女子每天晚上都来，但顾端仁一方面舍不得她，一方面又觉得她是个妖鬼，左右为难。

这一天，顾端仁独自走在西湖之畔，这个女子过来就拉住衣袖，言笑晏晏地说：“想我吗？”

可顾端仁怒气冲冲地说：“你不是人类，是一个邪鬼，我为什么要想你？”

那女子答道：“你怎么就知道我是邪鬼？”

顾端仁说：“你在白昼中行走，却没有影子在身边，所以你定是阴魅之类，有形无质。”

那女子笑着说：“你既然有这样的疑心，那咱们去四圣观[1]，让神灵明鉴。”

顾端仁听了，于是拉着这个女子去了四圣观，哪知道刚一进门，这个女子就消失不见了。顾端仁自己走进四圣观中，转了半天，也不见这个女子现身，等出来后，才看到女孩站在路边等他。

顾端仁于是哼了一声，嘲笑她说："看你这样害怕四圣，足以证明你是个阴气满满的邪魅女流！"

女子却辩解说："你要是这样说，阴气就是邪魅和女人，那真武大帝也是女人了！"

顾端仁说："这是从何说起？"

那女子说："太阴化生，水位之精(真武大帝原名玄武大帝，属北方之水)。"

听女子这样引经据典地歪缠，顾端仁不禁给逗得哈哈大笑起来。路人看不到女子，只能看见顾端仁一个人自言自语，又不时发笑，都不禁暗中惊诧，以为他发了神经病，但也没有人敢问他。

本来两人说说笑笑，感情恢复融洽，结果回去的路上，又出事了。顾端仁碰到一个叫张仲卿的朋友，女子当下躲闪不见。顾端仁啥都和这个"猪队友"说，把认识女子的事也告诉了。但张仲卿半信半疑，只惦记着喝酒，于是先拉着顾端仁去旗亭

1　据《梦粱录》记载：四圣延祥观，在杭州孤山，旧名四圣堂。《道经》云："四圣者，紫微北极大帝之四将，号曰天蓬、天猷、翊圣、真武大元帅真君。"他们都是除妖捉鬼的神将。

（酒馆）喝酒。这个张仲卿喝得高兴，就唱起《杏花过雨》的小调来。刚唱完一曲，那个女子又出现了，她坐到顾端仁右侧，神态十分亲密。顾端仁就让酒店的小二也给女子添上一副杯筷。张仲卿却看不见这个女子，出于对鬼怪的憎恶，他借着酒劲唾骂不已，说顾端仁重色轻友，为鬼魅所迷。说罢，竟然直接离席而去，径直去找顾端仁的父亲告状。

顾父一听，惊惧非常，等顾端仁一回家，就拉他去找一位姓黄的法师。见顾家讲述了此事后，黄法师说道："这个妖孽是个猫精，明天我给你杀掉它！"

自此以后，女子就一直没再出现，大家都认为猫妖给除掉了。

哪知，几个月后，有亲戚去世，顾端仁送殡来到菜市门外边的归仁寺。在庙里，顾突然见到那女子蹁跹而来，脸上满是怒气，叱骂道："你真是太无情无义了，竟然请黄法师来害我。哼，现在他那三道符都在我手里。"

说罢，就伸手把那三道符给顾端仁看，顾端仁神色惶恐地说："不是我要害你，是我父亲逼我的！"

女子说："你要是不说我们之间的事，你父亲哪里会知道？事已至此，我也不怨你，你跟我来！"

只见顾端仁走到市中的桥上，直接越过栏杆就掉下了河，幸好桥下有个草船接住了，好在船上全是干草，顾端仁并没有摔伤。大家救他上来，问他为什么要跳河，顾端仁说："我刚才只看见有美人领着我去一座华丽的宫殿，刚想进去好好看看，就被你们拉回来了。你们是我的救命恩人，多谢了！"

虽然顾端仁这次没有取猫妖性命，但他后来精神似乎出现了问题，没有多久就病死了。

其实我觉得，这个女猫妖也并不是故意害死顾端仁的，她是故意让人知道她法术的厉害。所以引他跳下河，又正好掉在草船之上。既然女猫妖连黄法师的三道符都能化解，那她想弄死顾秀才这个手无缚鸡之力的书生，也是轻而易举的事情。

当然，女猫妖没有白素贞那样痴情付出的精神，就算是许仙极端不信任她，灌她雄黄酒，她事后还是舍身去求仙草来救许仙。而这个女猫妖则非常记仇，顾端仁请法师来收她，她虽然没有遇害，但是毕竟是给害了一次，所以她也要害顾端仁一次，同样也不把他害死，这笔账就算两清了。正所谓：“一饭之德必偿，睚眦之怨必报。”

不少养猫的人都深有体会，猫是很记仇的动物。所以上面这则女猫妖的故事，倒是挺符合猫的性情。

如果说猫妖还有些人情味，那猫鬼的传说就更加阴森恐怖了。猫鬼是一种巫术，在香港娱乐圈里经常会听到，好多明星对此深信不疑。

据说役使猫鬼的人，是要先杀死一只猫，和降头术中意婴儿之类的“小鬼”不同，需要的是老猫，年龄越老越好。他们于子夜时分，将猫杀死，然后再控制这只猫的灵魂，经过一段时间的蓄养，这只猫鬼就完全听话了。如果放出猫鬼去害人，被害人就会神不知鬼不觉地得病，明代医书《邵真人青囊杂纂》中有云：其病，心腹刺痛，食人肺腑，吐血而死。而且猫鬼作祟，还能将他人的钱财占为己有。

历史上最有名的一次猫鬼事件，就是发生在隋文帝时的独孤陀役使猫鬼案。由于他加害的是独孤皇后及越国公杨素之妻，所以这件事牵扯到当时的政坛格局，就不同于其他的猫鬼故事，只是记载于文人笔记之类，而是赫然见于《隋书》《资治通鉴》等正史之中。

这独孤陀位居大将军之职，是独孤皇后同父异母的弟弟，他的妻子是越国公杨素同父异母的妹妹，标准的皇亲国戚。相传他的岳母就善于役使猫鬼，但一开始隋文帝根本不信这怪力乱神的说法。

可是，过了段时间，独孤皇后和杨素的妻子同时得了重病，召名医诊断后说："这是猫鬼在作祟。"隋文帝一想，只有独孤陀家擅长这门法术，虽然他和皇后是亲戚，但也不排除个人恩怨，于是就命人严查。最后，独孤陀家里有个叫徐阿尼的丫头招供了。她说自己是独孤陀妻子从娘家带来的丫头，在其岳母那里学会的役使猫鬼。她每晚子夜时分就祭祀猫鬼，还说只要猫鬼害死了某人，某人的财物就会转移过来。

事情的起因是这样的：有天独孤陀和其妻要酒喝，他老婆气哼哼地说："没钱买！"独孤陀于是想起来徐阿尼，让她役使猫鬼去越国公杨素那里作祟，好谋取他家的钱财。后来，独孤陀听说皇帝和皇后从并州回到了长安，独孤陀在后园中又悄悄对徐阿尼说："可以让猫鬼去皇后那里，让它多赐我财物。"于是，徐阿尼又派遣猫鬼去了宫中。

负责审问大理丞（法官）杨远一听，忙命令把徐阿尼押到门下外省（宫中的外庭区域），让她作法从宫中唤回猫鬼。徐阿尼在夜半时分放了一盆香粥，然后用汤匙叩击粥盆呼唤道："猫你快回来吧，不要住在宫中啦！"过了一会儿，只见徐阿尼面色青黑，躯体也变得僵直，动作不由自主，像被绳子牵曳一样，大家说这就是猫鬼上身了。

经此审讯后，主审官汇报了这一切情况，有个叫牛弘的大臣添油加醋地说："妖由人兴，杀其人，可以绝矣。"隋文帝听了大怒，当即要独孤陀夫妻在家中自行了断。独孤陀的弟弟哭着求请，隋文帝念及旧情，宽大处理，将独孤陀贬为庶民、其妻杨氏罚入寺中当尼姑。后来没几年，独孤陀就在郁闷中死去了。

经此一事后，隋文帝对猫鬼之事深信不疑，原来有人上告猫鬼害人之事，隋文帝都嗤之以鼻，不予立案。此后却颁布了严刑峻法来处置蓄养猫鬼之人："蓄猫鬼、蛊惑、魇媚等野道之家，流放至边疆。"这项制度后来沿袭到唐朝，《大唐疏议》第 262 条也规定："蓄造猫鬼及教导猫鬼之法者，皆绞；家人或知而不报者，皆流三千里。"

其实对于以上事件，我是很有怀疑的，且不说猫鬼之说是不是科学，单就独孤陀的"犯罪动机"来看就十分牵强：因为喝酒没钱而加害自己的姐姐以及妻兄的媳妇？要知道独孤陀当时也是高官厚禄，如何会像孔乙己一样连喝酒也没钱？我觉得，这应该是对独孤陀的一种陷害，是不同政治势力斗争找的借口，就像汉武帝时的“巫蛊之祸”一样。所以历史上记载，换了隋炀帝做皇帝时，他就给自己这个舅舅完全平了反。

然而，人们对于猫鬼的恐惧，还是持续了相当长的一段时间。唐初的笔记小说《朝野佥载》记载：“隋大业之季，猫鬼事起，家养老猫，为厌魅，颇有神灵。递相诬告，郡县被诛者，数千余家。”也就是说隋炀帝大业年间，流行了一段侍奉猫鬼的风气，家里都养上一只老猫，然后杀掉炼化成猫鬼。当朝廷发布禁绝猫鬼的法令，大家又互相揭发诬告，导致京城和不少郡县中几千家的百姓因这样的罪名被杀掉。

唐代初期著名医学家孙思邈的《千金方》中也记载：“猫鬼野道，用相思子、蓖麻子、巴豆各一枚，朱砂末蜡各四铢，合捣服之，即以灰围患人面前，着火中沸，即书一十字于火上，其猫鬼者死也。”

不过，隋朝之后就再也没有发生过著名的猫鬼事件。综观史书，《续资治通鉴长编》中记载：温州捕送养猫鬼咒咀（诅）杀人贼邓翁，并其亲属至阙下，邓翁腰斩，亲属悉配隶远恶处。也就是说温州送来一个养猫鬼来诅咒别人致死的贼人，此人姓邓，是个老头，官府捉了邓老头及全家，押到了京城皇宫前御审。结果皇帝判邓老头腰斩处死，其他亲属发配到远恶军州。

由于这样的事仅此一例，所以到南宋时，王楙所著的《野客丛书》就写有“仆始不晓猫鬼为何物”，多数人都不太懂了。清代才女孙荪意的《衔蝉小录》记载，说是山西宁武一带流行拜祀猫鬼，猫鬼的画像是一个猫头人身的形象，并有一男一女站立左右充当仆从。巫师们都说猫鬼很灵验，于是香火十分旺盛。后来，县官彭君礼下令把巫婆神汉们统统逮捕，戴了枷在街头示众，猫鬼的画像也揭下来放在城隍庙的神像前烧掉了。此后出榜禁止祀奉猫鬼，于是这个妖风就刹住了。其子彭兆荪还专门写过《檄城隍神驱猫鬼文》，因为城隍是神灵中维护一方治安的角色，所以小彭呼唤城隍爷负起责任来，驱逐镇压猫鬼这样的邪物。

不过，上面的老百姓只是礼奉猫鬼画像，似乎没学到役使猫鬼的方法，但清代慵讷居士的《咫闻录》中记载的甘肃地区崇祀猫鬼的行为倒似乎是得到了“真传”：

当时的甘肃凉州一带，民间崇祀的猫鬼是这样的：将一只猫用绳子勒死，然后对着猫尸斋醮作法，整整七七四十九天，这只猫的魂魄就通灵变成猫鬼了。在此之后，就丢掉猫尸，开始供奉一个写有猫鬼名号的牌位，将之立在大门后，天天恭敬地焚香献供，然后旁边再放上一只五寸长的布袋。传说役使猫鬼成功者，能让猫鬼窃取他人之物装在这个布袋里，每天到了四更时分，布袋就会消失一段时间，再看到时布袋就会挂在屋角上。主人搬了梯子取下来时，会看到布袋里装满了白米或黄豆，最多时有两石之多。可能有人问：五寸长的布袋为什么会装这么多粮食呢？解释是，这正是猫鬼的法术所致，少可容多也没有什么奇怪的。所以传说祀猫鬼成功者往往可以凭此法脱贫致富。

另外，《猫苑》中记载，清道光十六年（1836）时，广东阳春县修缮县衙时，有一个砌墙的工匠，因为自己的饭给猫偷吃了，于是就捉住猫，把它砌在墙中活活闷死。此后衙门中的人就都不安生了，家中的下人和小儿莫名其妙地生病暴亡。巫师说这是猫鬼作祟，因为有一只猫冤死在这堵墙中。于是县官下令拆墙查看，果然有一只死猫的尸骸在其中，当下命人好好祭奠一番加以安葬，这才保证了阖府上下平安无事。

以上故事中虽然也称之为猫鬼，但和前面所说的已经有所不同，更像是猫的冤魂在复仇，并非是受人役使的那种猫鬼。

再有，古时人们对于“狂犬病”的成因不了解，所以将被猫咬到后狂犬病发作致死的现象称为“猫毒”。《猫苑》中记载，海阳姓史的县令有两个家人，一个姓李，一个姓罗，因为去捉邻居家的猫，两人的手指都被猫咬伤了。当时两个汉子自恃皮糙肉厚，这点小伤算不了什么事，但过了二十多天，李姓家人忽然浑身寒热大作，臂腕旁突起一个肉核，后来浑身抽搐，不省人事，叫声如猫而死去。四十天后，罗姓家人也死了，死状也大略相似。大家说这是中了猫毒。

对此，《猫苑》还郑重地记载了一个治猫毒的方子：人被猫咬伤，薄荷叶为末涂之，愈。又方：用虎骨、虎毛、烧末涂之。

并且还说，惠潮嘉道[1]道台衙门里有个叫郑三的家人，也被猫咬伤了。二十多天后毒发，他听说过上面所讲李、罗二人的

1　清时广东行政区划，由惠州府、潮州府、嘉应府组成。

惨状，于是连忙来向黄汉求药。其实，现代医学证明，狂犬病发作的死亡率几乎是100%，而且即便科技高度发达的今天也没有什么特效药，所以我觉得郑三后来无大碍，并非是药方管用，而是他虽然被猫咬伤，但没有感染狂犬病毒，不然单凭一些草药，绝难治愈。

陆

歌咏风雅

历代猫诗（词）选粹

〔清〕沈振麟《耄耋同春册》之紫藤狸奴

自唐代以后，猫成为人们的亲密伴侣，所以“猫”这个名词也越来越多地出现在诗词之中，甚至有专门吟咏猫的。搜罗起来，不啻千首。这里列了一些特别有代表性的篇章，秉承钱钟书先生的是选宋诗的“六不选”标准，即：押韵的文件不选；学问的展览和典故成语的把戏不选；大模大样地仿照前人的假古董不选；把前人的词意改头换面而绝无增进的旧货充新不选；有佳句而全篇太不匀称的不选；当时传诵而现在看不出好处的不选。

当然，特别优秀的猫诗也不是太多，如果都过于严格要求的话，就未免有“水至清则无鱼”之嫌。所以，这里补充一条，虽有“六不选”之弊，但具有一定谈论热点和历史典故价值的依然入选。

猫　儿

〔宋〕　林逋

纤钩时得小溪鱼，饱卧花阴兴有馀。
自是鼠嫌贫不到，莫惭尸素在吾庐。

解　析

这一首是北宋年间著名隐士林逋所作。林逋是一位颇有传奇色彩的隐士，一生隐居在西湖畔的孤山，以种梅养鹤为乐。金庸先生《笑傲江湖》中写江南四友隐居孤山梅庄，想必就是效仿林逋先生的风雅。

林逋先生一生拒绝荣华名利，朝廷屡次征他为官，却坚辞不受。他一生以梅为妻，以鹤为子，当真是清高入骨。另外，他还有“自是鼠嫌贫不到，莫惭尸素在吾庐”的名句。而从此诗可知，林逋先生不但有梅妻鹤子，还有狸奴相伴，也是爱猫人士。

入选的这首诗写诗人在溪边垂钓，钓得小鱼后就成了猫的美餐。猫儿吃饱之后，就卧在花荫之处自得其乐。后两句则说：猫儿啊，你在我家不要因为没有捉到老鼠而感到惭愧，自觉是尸位素餐，没有尽到职责，事实是我家太穷了，连老鼠也嫌弃不来啊！

由此可见，林逋实在是爱猫之人，并不在乎猫是不是尽力捉鼠。而有些诗就不一样了，板起面孔，一副道学先生的嘴脸，大肆指责猫不捉鼠的罪责，甚至连蒋士铨、查慎行这样的著名文人，也都是持这样的观点。我在后面会列入附录，以供参考。

林逋先生一生逍遥于世，不愿受名利羁绊，他对猫儿的感情也是这样，希望它自在幸福。至于捉不捉鼠，看它的心情，绝对不会以此来责备它，给它心理压力。所以虽然林逋先生家中并不富有，但猫儿跟着他，幸福感绝对爆棚。

祭　猫

〔宋〕梅尧臣

自有五白猫，鼠不侵我书。今朝五白死，祭与饭与鱼。
送之于中河，呪尔非尔疏。昔尔啮一鼠，衔鸣绕庭除。
欲使众鼠惊，意将清我庐。一从登舟来，舟中同屋居。
糗粮虽甚薄，免食漏窃余。此实尔有勤，有勤胜鸡猪。
世人重驱驾，谓不如马驴。已矣莫复论，为尔聊郗歔。

解　析

虽然梅尧臣在今天的知名度不如欧阳修、苏轼等人，但在北宋当年，他的诗词文章也是和欧阳修齐名的。两人是知交好友，一起修过史书。而苏轼则是后生晚辈，他参加科举时，梅尧臣是考官，发现了苏轼的才华，对苏轼有荐识之恩。《千家诗》中收有梅尧臣《鲁山山行》一诗，其中“霜落熊升树，林空鹿饮溪”是名句。

这首诗专门悼念自己的一只猫，诗中作者先回忆了这只陪伴过自己的五白猫的好处。所谓五白猫，即四脚、鼻头五处为白色的黑猫，为猫中佳品。唐朝著名的诗僧拾得曾经有一个诗偈：“若解捉老鼠，不在五白猫。若能悟理性，那由锦绣包。”

梅尧臣在诗中说，自从有了你（这只猫）后，老鼠就不敢再来咬坏我的书了，如今你死了，我郑重地用饭和鱼作为祭品，把你送到河中水葬。口中一边念着往生咒，一边责怪你为什么离我而去。想当年，你初来我家时，就捉到一只大老鼠，你衔着这只鼠绕着我家的屋子鸣叫，是想让其他的老鼠都惊惧，从此不敢再冒犯我的家，使我的家清静。而之后，因为我的调任，不得不乘舟长途旅行。于是，我和猫在船中同屋而居，舟中的干粮虽然不多，但猫儿为我守护，一点也没有被老鼠偷吃，这都是你勤快的功劳，比鸡和猪有用多了。可惜世上的人都只重视驱驰乘坐的功用，说猫不如马和驴有用（实在是大谬不然啊！）唉，什么也别说了，你已经离我而去了，只能为你洒泪叹气而已。

由此可见，这只猫应该是死于梅尧臣调任官职后举家搬迁的途中。因为正在行船路上，梅尧臣也只好备了祭品，将猫放于江中水葬，并写了这首悼诗相送。要知道梅尧臣的这支如椽

巨笔，可是写过《温成皇后挽词》《欧阳郡太君挽歌二首》《太师杜公挽词五首》等名篇的，如今这只猫能得梅公之悼诗，也算是极尽哀荣了。

乞　猫

〔宋〕黄庭坚

秋来鼠辈欺猫死，窥瓮翻盘搅夜眠。

闻道狸奴将数子，买鱼穿柳聘衔蝉。

解　析

黄庭坚是宋代诗人中一位重量级角色，他的诗作矫然不凡，和书法的风格一样，奇崛瘦硬，独具风采，开一代风气，被江西诗派奉为开山鼻祖。其名句“桃李春风一杯酒，江湖夜雨十年灯”传诵千古。

这首《乞猫》诗，据考证是黄庭坚在河北大名府任国子监学官的时候写的。年方 35 岁的黄庭坚正遭遇“中年危机”，他于这一年的二月再度丧偶——续娶的夫人谢氏病逝（年仅 26 岁）。有道是福无双至，祸不单行，接着又被牵连进苏轼“乌台诗案”，因“收受有讥讽文字而不申缴”被罚铜二十斤。

就在这年秋天，黄庭坚家的猫也死去了，家中群鼠横行，晚上入室“窥瓮翻盘”——偷瓮中的粮食和盘中的剩饭，弄得诗人无法安眠。于是在忍无可忍之下，黄庭坚决心再找一只猫来铲除这些可恶的老鼠，他听说有人家里的母猫生了很多只小猫，所以就特意买了一条大鱼，用柳条穿过鱼的腮提着去“聘”一只猫。

读罢此诗，想必大家都想知道，后来诗人求到可心如意的猫没有？黄庭坚集中这一首《谢周文之送猫儿》可以为我们作答：“养得狸奴立战功，将军细柳有家风。一箪未厌鱼餐薄，四壁当令鼠穴空。”

黄庭坚从当地主簿（掌管文书的小官）周文之那里求到了一只威武可爱的猫。这只猫来到黄家，马上就立了大功，它不嫌三餐不够丰盛，而是尽力捉鼠，让老鼠消失得无踪无迹。其中“将军细柳有家风”，既夸猫，又夸猫的主人。细柳营是汉代周亚夫当年驻军的营地，以军纪严明著称，因为猫的原主人周文之姓周，所以这里用周亚夫借喻。意思是说您周家的猫受家风熏陶，威武勇敢，有当年汉代大将军周亚夫的风范。

这两首猫诗，写得貌似平白直接，《猫苑》作者黄汉却解读出诗中的余味，他说“喻小人得志，冀用君子之意”，结合当时黄庭坚的处境，这种解读也是合理的。

同时代的北宋文人也都作有乞猫诗，如：“厨廪空虚鼠亦饥，终宵咬啮近秋帷。腐儒生计惟黄卷，乞取衔蝉与获持。”“春来鼠壤有余蔬，乞得猫奴亦已无。青蒻裹盐仍裹茗，烦君为致小於菟。”意思相近，都是求猫灭鼠的宗旨，这里不再一一详解。

十一月四日风雨大作（其一）

〔宋〕陆游

风卷江湖雨暗村，四山声作海涛翻。
溪柴火软蛮毡暖，我与狸奴不出门。

解 析

陆游这首猫诗，如今知名度已是相当高，现在一说到古人写猫的诗，大家往往会首先想到这首。之所以有这样的人气，是因为《十一月四日风雨大作》一共两首诗，后一首太出名了，那就是："僵卧孤村不自哀，尚思为国戍轮台。夜阑卧听风吹雨，铁马冰河入梦来。"

这一年陆游 68 岁，在"人生七十古来稀"的古代，已是风烛残年的岁月。然而此时，陆游还是壮心不已，想着舍身报国，实在令我们钦佩。

不过，理想很丰满，现实很骨感，年老体衰的陆游其实根本不可能从军杀敌了。"铁马冰河"的场景，终归是梦境，而现实却是诗人和自己所养的小猫，躲在火炉边柔软的毛毯上，听着外面风雨大作，紧闭屋门，这样的画面，看起来很温馨。

从陆游现存的诗作来看，他是一个不折不扣的爱猫之人。他收养过一个叫"雪儿"的猫，待它是相当不错，有道是"薄荷时时醉，氍毹夜夜温"。时时有薄荷供它沉醉过瘾，夜夜有暖暖的地毯供它酣睡，并且亲切地对这只猫说："前生旧童子，伴我老山村。”意思是，你应该是在我前生时就跟随过我的书童吧？这辈子又来陪着我终老在这座山村中。

另外，陆游还有《赠猫》诗说：“裹盐迎得小狸奴，尽护山房万卷书。惭愧家贫策勋薄，寒无毡坐食无鱼。”求得一只小猫来保护自己家的藏书，但是惭愧自我条件不好，天冷没有毛毡，喂食时没有鱼，所以“策勋”（记功嘉奖）时，无法给猫儿足够的待遇。

不过，我觉得陆游后来的表现还是很值得表扬的，看他后面的诗中不是常写“蛮毡”和“氍毹”吗？所以猫跟着陆游，肯定亏不了。

陆游和猫是经常相依相伴的，有诗为证：“陇客询安否，狸奴伴寂寥。”是啊，“六十年间万首诗”的陆游，陪伴在他的青灯下书案间的忠实伴侣，见证了这位大诗人创作的是这一只只可爱的猫。

子上持豫章画扇其上牡丹三株黄白相间盛开一猫将二子戏其旁

〔宋〕杨万里

暄风暖景政春迟，开尽好花人未知。

输与狸奴得春色，牡丹香里弄双儿。

解　析

杨万里和陆游都位列于南宋的“中兴四大诗人”之中，他也是相当有名气的诗人。

这首诗是杨万里看到有一个叫子上的人，手拿一把画扇，扇子上画着三株牡丹，盛开着黄白相间的大朵牡丹，有一只猫妈妈带着两只猫宝宝在花间玩耍，因此有感而发。

诗人感慨道：暮春时节，日暖风和，眼看好花开尽，春光将逝，但人们于红尘俗世中忙碌，无暇顾及这大好的春色。由此可知，人类还不如猫能够享受牡丹花下的旖旎春光以及天伦之乐！

的确，我们现代人对此也是感触良多，多少人的青春困囿于钢筋水泥丛林里，在不知晨昏冬暑的写字楼中，面对着缤纷变幻却并不真实的电脑屏幕，在不知不觉中，流年暗中偷换。感触到的不再是红了樱桃，绿了芭蕉，而是驼了脊梁，秃了头发。

有很多时候，疲惫的我们会忽然羡慕起打着呼噜、睡态可掬的猫咪，而像杨万里诗中这几只在牡丹花间自由自在玩耍的猫咪，更是让人心生羡慕。

于照《耄耋图》（局部）

又赋（其三）

文天祥

病里心如故，闲中事更生。睡猫随我懒，黠鼠向人鸣。

羽扇看棋坐，黄冠扶杖行。灯前翻自喜，瘦得此诗清。

解 析

此诗是著名爱国诗人文天祥所作。文天祥当年曾高中金榜状元。有人说古时的状元很多籍籍无名，反倒不如蒲松龄之类的落榜书生文采好，但文天祥是一个反例，他的诗文是众人钦服的。

这首诗写于文天祥生了一场大病之后，至于是哪一年，一时没有查考出来，但观其中的意态，不似后来抗元战争形势危急之时，当是文天祥早期的作品。

从《病中作》及《又赋》前两首中，得知文天祥这场大病，是从夏天最热的时候得起，直到晚秋时分还没好利索，病得是“倚床腰见骨，览镜眼留眶”，瘦骨伶仃，眼窝深陷，衰弱之极。

从这首诗看，文天祥的病情有所好转，能够闲坐看棋，扶杖散步，并且能在灯下写诗了。虽然这首诗并非专门为猫而写，而是写病后情形，但就从“睡猫随我懒，黠鼠向人鸣”这一句，就足见作者对猫也是极好的，要是其他不爱猫之人，看到睡猫偷懒，早就怨声载道，要驱猫、打猫，甚至杀猫。而文天祥对这只睡猫和蔼有加，不但没责怪，却说睡猫像病中的他一样懒。

由此可见，英雄豪士似乎比之凡夫俗子更心怀慈爱，文天祥这样铁骨铮铮的义士，对待小猫时，是这样的宽容厚道。反观不少的腐儒措大之流，却是摆出一副卫道士的面孔。

不出

〔金〕刘仲尹

好诗读罢倚团蒲，唧唧铜瓶沸地炉。

天气稍寒吾不出，氍毹分坐与狸奴。

解析

刘仲尹是金朝人，虽然确切的生卒年待考，但通过他是海陵王正隆二年（1157）的进士，估算下来，和陆游、杨万里他们是同一时代的人。

这首诗读来，和陆游的“我与狸奴不出门”有同一机杼之感。但刘诗比陆诗更为安闲惬意，有富贵优游之感。据元好问的《中州集》记载，“君家世豪侈而能折节读书”，意思是刘仲尹本来就是富家子弟，却没有沉溺于声色犬马之中，而是发奋读书做学问。又说刘仲尹中进士后，做过潞州（今长治）节度副使这样的官，所以可想而知，刘仲尹的生活条件非常不错，远胜陆游。

所以这也造成了两首诗的气象不尽相同，陆诗是“溪柴火软”，烧的是干柴，想必是土灶。而刘家有精致的火炉，上面还有铜瓶煮水烹茶。刘诗中的天气不像陆诗中那样，是天昏地暗，风雨大作，只是“稍寒”而已。

不过，之所以将刘诗选入本书之中，并不是帮他“炫富”，而是因为他有一颗爱猫之心。最后一句“氍毹分坐与狸奴”——自己坐的毯子上，也要分与猫一席之地，拳拳爱猫之心溢于纸间。正像我们现在有些铲屎官们睡觉时，不敢乱翻身，要在床上给猫留一个位置一样，足见爱猫心切。

所以，凭着“氍毹分坐与狸奴”这一句令我动容，这首诗自当入选，窃以为相比陆游诗，这首诗更多一些爱猫之情。与之相似的，还有清初朱彝尊《鹊桥仙》词中所写的一个女子心态：“狸奴去后绣墩温，且伴我日长闲坐。”极见爱猫之情。而清代诗人查慎行对猫就比较冷漠，他竟然写了《责猫》诗，其中说“怪尔也来争此席，公然睡暖旧青毡”，意思是：你怎么也来争我的座位，公然睡在我温暖的旧青毡上！这样的品格和前者相比，有霄壤之别。

失　猫

〔元〕释南叟

捕鼠生机颇俊哉，受他笼槛竟难回。

劳人几度空敲碗，连唤花奴吃饭来。

解　析

这首诗写得明白如话，却应景应情，极易引发爱猫之人的共鸣。

此诗作者南叟和尚曾经养有一只非常善于捕老鼠的神俊小猫，但是这些天却不幸走失了，好久没有回来。南叟和尚觉得一定是有人把这只猫关在木笼之中，这只可爱的猫儿没有办法再回来了。

然而，虽然已经作出了上述合情合理的判断，但是南叟和尚还是不甘心地让人再敲几下猫碗，接连唤几声“花奴吃饭，花奴吃饭啦”，期望着有奇迹出现，这只可爱的猫能像往日一样，“喵呜，喵呜”地叫着飞奔过来，那该是多么激动人心的一幕啊！

可惜，这只是痴心期盼罢了，南叟想必仍旧是怅然望着盛满猫粮的猫碗，再也没有见到他心仪的猫儿。

尤其难能可贵的是，大家要知道，这首诗的作者释南叟，是元代一名高僧，《中华佛教人物大辞典》中记载，南叟，元代僧人。径山月禅师法嗣，为临济宗南岳下第二十一代传人。

南叟和尚的爱猫之心却溢于诗中，一点也不比我们这些世俗的铲屎官们少。有道是“诗贵情，情贵真”，所以这首小诗虽然明白如话，却能打动人心。

不过，佛门之中，也并不是都有爱猫之心，唐代曾有个“南泉斩猫”的故事，我们在后面“害猫谤猫恶人榜”中再详细介绍。

题睡猫图

〔元〕柳贯

花阴闲卧小于菟，堂上氍毹锦绣铺。

放下珠帘春不管，隔笼鹦鹉唤狸奴。

解　析

本诗作者柳贯，是元代人，他官至翰林待制，史载其十分好学，于律历、数术、方技、异教外书，无所不通，是个全才。明代“开国文臣之首”宋濂，就是柳贯最得意的门生。

这首诗题在一幅《睡猫图》上，笔致细腻生动，写出一副富贵睡猫的仪态。小于菟，就是小老虎之意，这里指代猫。只见这只猫闲卧花间，堂上还铺有花色华美精致的毛毯，放下摇曳的珠帘，只听得笼中鹦鹉在呼唤猫的名字。

〔明〕朱瞻基《花下狸奴图》

所谓诗贵含蓄，作者不直写女主人是如何宠爱这只猫，而用鹦鹉代呼侧面写出，正因为女主人经常呼唤猫，所以鹦鹉才学会了。这正是诗家所谓的“背面敷粉”之法，即刘熙载在《艺概》中说的：“正面不写写反面，本面不写写对面、旁面，须如睹影知竿乃妙。”

这首七绝之中，静中有动，开头两句，写花间睡猫，堂上铺毡，都是静景；而下两句，放下珠帘和鹦鹉轻呼，则是动态。不过，正所谓“蝉噪林逾静鸟鸣山更幽”，后面的动态丝毫不影响春风浩荡，花间睡猫的恬静景象，反而更觉温馨。

读罢此诗，我都羡慕起这只酣睡在熙暖春风，百花之下的猫了！

画猫图

〔元〕王冕

吾家老乌圆，斑斑异今古。抱负颇自奇，不尚威与武。
坐卧青毡旁，优游度寒暑。岂无尺寸功，卫我书籍圃。
去年我移家，流离不宁处。孤怀聚幽郁，睹尔心亦苦。
时序忽代谢，世事无足语。花林蜂如枭，禾田鼠如虎。
腥风正摇撼，利器安可举？形影自相吊，卷舒忘尔汝。
尸素慎勿惭，策励或逢恕。

解　析

这首诗是元代画家、诗人王冕所作。提起王冕，我们也很熟悉，因为我们在课本里学过“王冕学画”这样的故事，还学过他的《墨梅》，其中还有名句“不要人夸好颜色，只留清气满乾坤”。

王冕以画梅闻名，但很多人并不知道他画过猫。由于时代失远，王冕画的猫图早已佚失，从这首诗中，我们却能看出王冕当年和猫的一段经历，还有他曾经画过猫这样的史实。

这首诗有点长，但是叙述了这样一段故事，用白话译一下，大致如此：

我家有一只老猫，身上的花斑很奇特，古时和现在都不曾有。

它的性格也很奇怪，并不是一味以威武示人。

它平日就在一块青色的毛毡上坐卧，优游自在地度过一个个寒暑。

它还是有一些功劳的，比如保卫我的书籍和园圃不受老鼠侵害。

可去年我被迫搬了家，流落到一个不安宁的地方。

我孤单的心中积满了忧郁，看到你（猫图）也是心中悲苦。

天下的形势忽然就变更，世间的事都没法提了。

开花的林中蜂如恶鸟一般，种粮的禾田里老鼠如老虎一样凶悍。

腥风正刮得猛烈，虽有利器在手，也不能举起。

现在我只有一个人形影相吊，只能在打开画卷时和你亲昵无间，没有隔阂。

我们都是尸位素餐、无所作为的，考核功绩的人或许会宽恕谅解。

从这首诗中看，王冕在元末的战乱之间，有失家、失猫之痛。移居之后，流离在乡间，环境非常恶劣，蜂鼠横行，腥风遍野，但是他年已衰老，无能为力，徒有感叹。原来那只可爱的猫也难寻，因此王冕画下猫的旧影以为纪念。诗中颇多一语双关之意，如“利器安可举”，一方面指画中的猫无法挥舞利爪，再去除鼠卫主，另一方面也指自己年老无力，不能挥剑上阵，为国为民，建勋建业。

杜甫很多诗有“诗史”之称，王冕的这首猫诗，也让我们看到晚年的王冕在战乱中的经历，也为他和猫之间的这一段情缘感到悲伤。更可惜的是，王冕的这幅《画猫图》想必是湮灭无存了，真期盼有一天能在考古中再度发现这幅画！

寺中猫食肉

〔明〕朱元璋

紧行慢行皆虎形，室中捕鼠百般能。

精舍一隙透灵鼠，朽残经卷将何补。

为斯育尔佛释迦，日逐随僧常茹素。

常茹素，一旦筵前舒爪距。

尔勤尔役诚可录，赏彼丹衷命食肉。

解　析

这首诗是明代开国皇帝朱元璋所作，观其口气，尤其是最后一句“赏彼丹衷命食肉”，应该是朱皇帝身登大宝之后的事情。

众所周知，朱元璋出身贫苦，是中国历史上少有的底层出身的皇帝。后来勤于读书，也经常写诗弄文。由于朱元璋文化水平本来不高，故而此诗中倒故意写些“雅俪”的字眼，比如“皆”“斯”“茹”“尔”“彼”之类，显得不那么白话。其实，这样做的效果有时并不好，会有弄巧成拙，东施效颦之嫌。人家真正的饱学宿儒，不会在诗文中刻意营造文绉绉的字眼，而是平易中见奇崛，平白如话中包含着耐人寻味的典故，如此才叫高明。

〔明〕佚名《明太祖朱元璋坐像图轴》

诗中写朱皇帝在佛寺中大摆酒宴（根据情节判断，应该还是荤宴），遇到一只小猫，在那里伸爪子想吃肉。朱皇帝一时兴起，夸了小猫一番，说它行动像老虎，在屋里面捕鼠百般给力，然后又引用了一下前面我们说过的故事，相传猫最早就是在如来座前守护经书的，后来由唐僧带回来。看到猫这么想吃肉，也许朱皇帝想到了当年的自己。要知道朱皇帝早年因穷得没办法，曾经在庙里当过和尚，但朱皇帝是为了糊口，并非一心向佛，想必当年在寺中也和这只小猫一样馋肉都快馋疯了。所以说朱皇帝是充分理解猫的心情，于是当下一高兴，就开了金口玉言："猫这么勤劳有功，忠心耿耿，就赏他吃肉吧！"

记得少林寺的和尚因为守护唐王有功，李世民特意准许寺中的和尚们吃肉，而这只小猫因为得到朱皇帝的喜欢，也御赐吃肉，对应之下，还是挺有趣的。

乞　猫

〔明〕文征明

珍重从君乞小狸，女郎先已办氍毹。

自缘夜榻思高枕，端要山斋护旧书。

遣聘自将盐裹箬，策勋莫道食无鱼。

花阴满地春堪戏，正是蚕眠二月余。

解 析

作者文征明和唐伯虎、祝枝山、徐祯卿并称为“江南四大才子”，粉丝数之多在明代文人中也是屈指可数的。

乞猫诗在猫诗中极为常见，前面已经选过黄庭坚的一首。而其他诗人，像宋代的曾几、陆游、蔡天启，明代的高启，清代的袁枚等都有诗作。

不过，相比之下，文徵明这首诗，写得意气贯通，生动自然。作为反例，大家可以找明代高启的乞猫诗来看，那就只是典型的“押韵的文件”“学问的展览和典故成语的把戏”，毫无诗意可言。

文征明这首诗，虽然也很普通，却流畅自然，并且充满了爱猫之意。首联中，开宗明义，直奔主题——非常郑重地向您家求一只猫，随即补充说明：我女儿早已置办好了锦绣毛毯，专供猫睡卧。

颔联点明乞猫的目的，其实也和其他人一样，是为了除鼠护书，但文征明遣字造句比较独到，“自缘”和“端要”用上后，颇觉生动。

颈联写裹盐聘猫，赏猫以鱼，也是常事，但“遣聘自将”“策勋莫道”这八字一用，就足显对即将来到家里的这只猫的珍视和喜爱，意思是聘猫的礼物（盐）当然要准备周全，而来到家后，一定会加以犒赏，不会让这只猫有食无鱼之叹（此处暗用冯谖弹铗而歌抱怨没鱼吃的典故）。

尾联则荡开一笔，写猫来到家中后的惬意生活：“花阴满地春堪戏，正是蚕眠二月余”。猫戏花间，是古代绘画中的常见场景，而这只猫来到文征明家中时，正是微风不燥，春光正好的时候，就让它在花间畅意，做一只岁月静好的猫吧！

白　猫

〔明〕郑璋

玉狸海外来千里，月兔天边堕五更。
误入名园人不见，梨花香里只闻声。

解　析

郑璋为明代人，生平事迹不详，查史料可知嘉靖年间有官员名郑璋，曾任肇庆知府，但是否确为此诗作者，目前没有资料以为佐证。

郑璋存诗不多，事迹模糊，不过这首《白猫》写得不错，和其他诸多猫诗堆砌典故和辞藻不同，这首诗显得生动有趣。

开头写这只雪白的猫是海外进口的“洋猫”，有道是“外来的和尚会念经”，这只猫是“国际友猫”，自然身份尊贵不凡。然后郑璋又夸它好似月宫中的仙兔，于夜半更深时悄悄下凡了。正如好多诗词夸美女是“月宫仙子下凡尘”，而这只猫长得雪白可爱，和玉兔有相似之处，所以就借玉兔来形容了。

最后两句则说，洁白的猫儿跑入梨花丛中，顿时看不清楚了，洁白的梨花和白色的猫融为一体，实难分辨，只感觉梨花香气暗送，不时隐隐传来猫叫的“喵喵”声。

唐诗中有“人面桃花相映红”，这首诗则是“白猫梨花一样白”，以白衬白，也是诗家常见手法，如“芦花千里霜月白”“一树寒梅白玉条”等，但写白猫还是挺少见的，故选来一读。

马山杂咏三十韵（其十八）

〔清〕成鹫

懒似林间五白猫，日高犹自卧堂坳。
草鞋久别因耽坐，布被长蒙为病哮。
废尽桔槔甘我拙，抛残棋局倩谁饶。
安居已过门犹闭，何处秋声上竹梢。

解　析

本诗作者成鹫为明末清初人，出生于广东番禺，明举人方国骅之子。本名为方颛恺，字趾麟。四十岁时出家后法名成鹫，字迹删，大概是将尘世的痕迹删除之意。他曾在会同县（今琼海）灵泉寺、香山县（今中山）东林庵、澳门普济禅院、广州大通寺、肇庆庆云寺等地居住，在明遗民僧中颇为有名。

成鹫虽然知名度不高，但个人觉得他诗才很好，清丽流畅，有唐人风采。集中如《八影》诗，写梨、柳、莲、竹、菊、桐、梅、松等树影，颇多情致。《闲中十咏》则写扫地、净几、焚香、试茗等十件日常生活剪影，也很有味道。

这首诗粗一看，虽然只有首句提到了猫，但是细读之下，诗僧成鹫以猫为师的意旨清晰可见。第一句开门见山："懒似林间五白猫"，出家人四大皆空，清静无为，就要学猫那样懒洋洋的，整天在堂前低洼处一卧。

颔联继续写懒态，因为经常半坐半躺，所以连草鞋都很少穿，因为身多疾病，也像猫一样经常钻在被子里，把头蒙起来。颈联中的桔槔用了庄子中"有机械者必有机事，有机事者必有机心"的典故，绝圣弃智，藏愚守拙，对于棋局的胜负更是不萦于怀，抒罢自己的志向后，尾联荡开一笔，写闲居中的情物：

〔明〕仇英《汉宫春晓图》（局部）

安居闭门之际，不知何时，不知何处，已是物换星移几度秋，任那瑟瑟秋风吹过竹梢。

虽然此诗是借猫抒情，借猫言志，却给我们深深的感慨，像成鹫这样的世外高僧，可能真的做到全无机心，不萦于红尘俗事，而我们如何能像一只猫那样心中始终单纯洁净，不知愁，不忧死，不畏贫？

其实，成鹫另有一诗，其中写“窗外猿猴凭窃果，铛边猫犬任争餐”，看来确实有一只猫相伴他身边。

西江月·咏小白猫

〔清〕朱中楣

弥月狸奴堪玩，新池鱼婢应忙。

时时偷窥水中央，躲在蔷薇架上。

卧似绿茵滞雪，翾疑锦幔飞霜。

穿林似兔忒轻狂，扑著虫儿谁让。

解　析

朱中楣是清代初年的著名才女，她本是明代皇族后代，后来嫁给一个名叫李元鼎的人。李元鼎在改朝换代后，做了清朝的兵部侍郎，她的儿子李振裕，后来也官至礼部尚书。虽然表面上夫荣子贵，但朱中楣也经历过不少的人生坎坷。她生于1622年，在北京经历了闯王进京、清兵入关、夫君两度被逮

〔北宋〕苏汉
《冬日婴戏图

受审等磨难，到了四十岁左右才过了一段安稳日子，五十一岁时病逝。

朱中楣的文笔“秾纤倩丽，不减易安”，当时有人赞能和李清照媲美。这首诗写一只刚满月的小白猫，将它的调皮可爱写得活灵活现，栩栩如生。

词中写道，自从这只小猫满月之后，负责喂鱼的丫头可就忙了，因为要时刻提防这只猫，只见它“时时偷窥水中央，躲在蔷薇架上”，一有机会就冲过来抓鱼吃。

这只小猫非常活泼，到处跑来跑去，在绿草地上卧着，好像是积了一堆雪，在锦幔上攀爬时像是凝了一片霜；它穿过林子跑得飞快，简直像一只兔子，有时扑到一只虫子，就奶凶奶凶地呜呜叫着，仿佛在警告：“谁都别想和我抢！”

朱中楣这首词，并没有像其他所谓的饱学宿儒们一样堆砌典故，反而更显得流畅自然，塑造了小奶猫的生动形象。

清代词人钱葆酚曾经写过《雪狮儿》咏猫，并征求当时著名的文人朱彝尊、吴锡麟、厉鹗等人唱和，但其中有些词句反而生涩凝滞，还不如朱中楣这首词有味道。

蓄一狮猫毛甚长暑天不落戏书（丁巳）

〔清〕赵翼

火伞炎官溽暑催，狸奴毛毯尚毸毸。

居然五月披裘者，不枉教他守库来。

解　析

赵翼是清中期的才子，他当时是乾隆二十六年（1761）进士，殿试第三，也就是俗称的“探花郎”。当时有不少传言，说状元本来应该是赵翼的，但当朝为了搞人际关系的平衡，才屈居第三，让一个叫王杰的当了状元。

经过历史的检验，证明赵翼的才学是远胜王杰的，现在提起清代著名的文学家、史学家，赵翼都是不可忽略的人物，而王杰这个名字，大家可能都没什么印象。

从这首诗中“丁巳”的字样来看，应该是写于1737年，也就是乾隆二年。但对照赵翼的出生年月一查，那年他才十周岁，不禁怀疑有误。不过，细查记载后，感觉这首诗应该真是十岁的赵翼所写，因为据《清史稿·赵翼传》记载：“赵翼，字耘松，江苏阳湖人。生三岁，日能识字数十。十二岁，为文一日成七篇，人皆奇之。”我们看，三岁就一天认几十个字，十二岁（周岁十一岁）的赵翼竟然一天写七篇像模像样的文章，那十岁的赵翼写这样一首诗又有什么奇怪呢？

正因为这首诗是十岁的小赵翼所写，所以反而是故意用了一些比较生僻的字，比如“毨”和“毰毸”。“毨”指动物每年新生出的毛发，“毰毸”是毛发披拂的样子。那么头两句的意思就是：盛夏之时，仿佛火神张开了火伞一般，但是猫新换的毛发还是这样长绒披拂。接下来小赵翼又用了一个典故，所谓“五月披裘”，是这样一个故事（出自东汉王充的《论衡》）：

春秋时吴国公子季札到野外游玩，看到有一块不知什么人丢在路上的金子。正在这时，有个披着破羊皮袄的砍柴人走过来。当时已是五月份，但这个人过着朝不保夕的生活，夏衣还没有着落，只能先用破羊袄遮体。

季札见他穷成这样，想周济他一下，于是嚷道："砍柴的，地上丢的这块金子就归你吧！"哪知道这个披裘的穷人，却把砍刀往地上一扔，瞪着季札说："你虽身居高位，为什么见识这么短浅？看我这披着破皮袄砍柴的样子，像是拾金而昧的人吗？"

季札见他有如此的见识和气度，知道这人是个隐逸之士，于是向他道歉，之后想问他的姓名。但那人冷冷一笑后说道："不值得告诉你我的姓名！"

这里赵翼借这个典故，戏称这只狮猫也是"五月披裘"，既然披裘隐士有不贪财的本色，所以派个守库的职守是再适当不过了，所以他说小猫也合适执守仓廪、库房。

以当时赵翼十一岁的年纪，这首诗相当不错。另外，此诗还写出猫的一个特点，那就是相比于热来，猫更怕冷。前面说过有"煨灶猫"一说，冬天一来，猫往往就要找暖和地方。现代研究结论是，猫的祖先来自沙漠，所以耐热强于耐冷，猫的正常体温是38–39.5℃，比人类高，所以夏天时它也不会觉得那么热。

相公眷属先期入都枚入起居见白猫悲鸣公独坐凄然因以诗乞（乙酉）

〔清〕袁枚

乌圆为送主人行，似抱离愁宛转鸣。
绕座已无云鬟影，闻呼还认相公声。
也同遗爱甘棠好，可许寻常百姓迎。
小畜有灵应识我，绛纱帷里旧门生。

猫来后又以诗谢（乙酉）

〔清〕袁枚

狸奴真个赐贫官，惹得群姬置膝看。
鼠避早知来处贵，鱼香颇觉进门欢。
果然绛帐温存久，不比幽兰服侍难。公赐素兰萎矣
寄语相公休念旧，年年书札报平安。

解　析

这两首是著名清代文人袁枚所写，而题目中的“相公”，就是清代名臣尹继善。尹继善四任两江总督，在南京住了很久，但 1765 年时，也就是诗题中所写的乙酉年，乾隆皇帝调他进京，所谓“奉诏入阁，兼领兵部事，充上书房总师傅”。

尹继善和袁枚素有交情，袁枚比尹继善小二十岁，当年刚中进士时就得到尹继善的青睐，后来袁枚辞官隐居南京，号随

园主人，而尹继善，开府南京，所以有机会经常和袁枚一起交流唱和。

袁枚当时和尹继善十分亲近，尹府的看门仆人见了袁枚，根本不敢拦，他可以和自己家一样进出随意，甚至直奔内室，连尹继善的姬妾也丝毫不回避。

这首诗写于尹继善离开南京之际，这时他已年至七十，于暮年之际离开住惯了的六朝金粉之地南京，卸去位高权重的两江总督，去北京的新衙门当一个有职无权的官，心下肯定很不情愿。

于是，袁枚就看到了这样一个情景，也写入了诗题之中："相公眷属先期入都，枚入起居，见白猫悲鸣，公独坐凄然。"也就是说尹继善的妻妾等人先行出发去了北京，袁枚去探望时，只见白发苍苍的尹继善独坐空堂之中，只有一只叫声凄惨的白猫陪在他身边。

袁枚见这只猫孤零零的，北京路途遥远，也不方便带它，就写诗请求让尹继善把猫留给他养。于是写道：

猫（乌圆）为了送主人，心怀离愁一直悲鸣。因为相公（尹继善）家的妻妾都离开了，所以小猫也感到凄凉悲伤，但是好在还有相公熟悉的声音呼唤它。后半段则写求猫的理由：当年周召公受百姓爱戴，因为曾在甘棠树下歇息，后人就对这棵树爱护有加。这里袁枚将这只白猫喻为甘棠树，意思是要留个纪念。"可许寻常百姓迎"，意思是说相公家这只尊贵的猫，能不能让我这个平民百姓迎回家呢？其实这是客套话，接下来袁枚就以猫的角度来回答这件事了：这只猫很有灵性，它认识我，我是相公帐下的弟子，经常登门的。（“绛纱帷”典取《后汉书·马融列传上》：“融才高博洽，为世通儒，教养诸生……常坐高堂，施绛纱帐，前授生徒，后列女乐，弟子以次相传，鲜有入其室者。”）

从后面这一首诗来看，尹继善果真把这只猫送给了袁枚。袁枚后来向尹继善写诗汇报说：真是喜出望外，这只猫真的赐了我，带回家中后，众姬妾把它抱在怀中，放在膝上，百般爱怜。您家尊贵的猫早早就把我家中的老鼠吓跑，我准备好了鲜鱼，香喷喷的猫饭，它很是欢喜。果然因为我是您的弟子，和它也不陌生，跟了我后，十分舒心，不像相公您送的兰花，很难养活，现在已经有些枯萎了。相公您放心，不用挂念，我会时常写信和您报平安，猫儿很好，勿念。

这两首猫诗足见袁枚在人际关系上的精明，他知道尹继善不方便带这只猫去北京，却又很疼爱猫，放心不下，于是帮他照顾。但他又不表现是为帮尹继善办事，而是借怀念“相公的德政”等缘由，求养此猫。得猫之后，又叙述自己家里百般珍爱它，让尹继善放一百个心。

春闺（其四）

〔清〕袁镜蓉

绮窗日暖透轻绡，花样新翻未易描。

绣到鼠姑暂停手，戏将红线逗雏猫。

解　析

才女写猫，往往多有情致，不似须眉浊物之辈，往往大掉书袋，言论也刻板陈腐。

本诗作者袁镜蓉是一位名门闺秀，爷爷是江西巡抚袁秉直，父亲是广宗知县袁厚堂，老公是工部侍郎吴杰室。

袁镜蓉诗词书画俱佳，著有《月藻轩诗集》一卷。这首诗题名为《春闺》，共有五首，这是第四首。从诗意看，应是作者少女时代的作品。

于照《耄耋富贵》（局部）

诗写春暖之日，少女闺中无事，于是绣花打发时间。绣到“鼠姑”（也就是牡丹花）时，突然停手，用红线舞动，来挑逗身旁的小奶猫。古人常把牡丹和猫画在一起，而这里不用“牡丹”这个常见名称，而用

“鼠姑”（两个词平仄一致，不是为了合律），明显就是对应下面的雏猫一词。

我们知道，小奶猫更为活泼好动，有个线团可以玩上半天，而老猫往往就很“佛系”了。少女也是活泼天真，充满朝气，正如我们现在学过的课文，“春天像刚落地的娃娃，从头到脚都是新的……春天像小姑娘，花枝招展的，笑着，走着”。如此春光正好，少女和雏猫一起玩乐，这画面充分地展示了生机和活力。

真可谓：雏猫心性喜玩闹，少女情怀总是诗。

满江红（悼猫）

〔清〕吴藻

绕膝声疏，剩雪片、鱼倾翠蓝。

无复伴、书床镜槛，砌左窗南。

似入醉乡呼不醒，本来佛土想非凡。

上乘禅、悟到死猫头，应细参。

花影暮，香已酣。

泡影灭，水空涵。

叹物犹如此，人亦何堪。

白凤曾传春九九，红羊又到劫三三[1]。

向图中、省识旧东风，新署衔。

1　猫死于三月二十三日。

解　析

吴藻，浙江仁和（今杭州）人，清代著名的才女，写词尤其有名，在清代文学史上占有一席之地。

吴藻才学既高，早年性格又开朗活泼，不受世俗所羁，所以对自己所嫁丈夫（一黄姓商人）不太满意，于是她经常女扮男装，宴游无度，甚至去青楼逛耍，惹得一个烟花女子看上了她。于是她开玩笑说："一样扫眉才，偏我清狂，要消受、玉人心许。正漠漠烟波五湖春，待买个红船，载卿同去。"

好在和朱淑真的老公不同，吴藻的老公对她的这些"胡闹"的行为还是持宽容态度的。只不过在吴藻三十二岁时，其夫一病而亡，吴藻从此似有所悟，不再嬉戏玩闹，后来移居嘉兴南涛，筑"香南雪北庐"，清静自守，学佛学禅。正因如此，这首词中也掺杂了不少佛语典故，比如"上乘禅、悟到死猫头，应细参"等。

从这首词我们知道，吴藻养的一只猫去世了，她十分伤心，于是写了这首悼词。词中写：

原来这只猫绕着主人的膝边"喵喵"叫，可这些天叫声越来越少了。第二句"翠蓝"指翠蓝色的器皿，指猫碗。意思是猫连最爱吃的鱼也都剩下了。原来书架前、镜台前、窗子前，猫都是常伴左右的，但现在也看不到了（这只猫应该是生病了）。后来死去了，像是沉醉不醒的样子。之后，吴藻开始引用典故，先说猫儿来自佛土（就是前面说过的唐僧取猫），后来又引佛家公案“死猫头”之事，所谓“死猫头”，是指曹山本寂禅师语录中的这样一段事情：

> 僧问：世间甚么物最贵？师曰：死猫儿头最贵。僧云：为甚么死猫儿头最贵。师曰：无人著价。

这些所谓的“公案比语”，往往玄妙难懂，而且实质上和猫并无多大关系。窃以为吴藻悼猫词中引入这一典故，其实并不恰当，反而影响了词的流畅性，但考虑当时吴藻正在学佛学禅的状态，也能理解她当时的心情。

下联“花影暮，香已酣。泡影灭，水空涵”也有佛经中所说“一切有为法，如梦幻泡影”的意味。接下来就联想到自己“叹物犹如此，人亦何堪”——猫有寿终之时，人也是如此啊！此猫逝世之时，吴藻也年近半百（48岁），因此也大有“百年强半，来日苦无多”之感，一如梁实秋先生在《白猫王子》一文中所说：“猫儿寿命有限，老人余日无多。”

而后面一句“白凤曾传春九九，红羊又到劫三三”，又是在堆砌辞藻和典故，但好处是让我们知道这只猫准确的逝世日期是1847年（丁未年）的阴历三月二十三日。所谓红羊劫是指古人以为丙午、丁未是国家发生灾祸的年份。“丙丁”在阴阳五行里属火，为红色，“未”是羊年，所以就被称为“红羊劫”。

吴藻最后说，再思念猫，就只能从图画中看看了。从作者自注中可以知道，吴家素有养猫的爱好，有一只猫曾达十九岁的高寿，这只去世的猫也有十多年了。据此可推算，诗中所写的这只猫也是吴藻失偶之后，移居静处所养的。当时吴藻正是处在“十年心事十年灯，芭蕉叶上几秋声”的寂寞时光，这只猫的到来，或许疏解了吴藻心中很多的郁闷，无怪乎吴藻为它写词作悼。

所爱猫为颖楼逐去作诗戏之

〔清〕孙荪意

猫奴虽小畜，首载自《三礼》。
祭与八蜡迎，圣人所不废。
而况爱者多，难以屈指计。
立冢标霜眉，哦诗称粉鼻。
黄荃工写生，昌黎曾作记。
五德讵见嘲，十玩图斯绘。
黄金铸像偿，沈香斫棺瘗。
乃知爱猫心，无贵贱巨细。
余亦坐此癖，张抟绝相似。
贮之绿纱帷，呼以乌圆字。
箬裹红盐聘，柳穿白小饲。
时时绕膝鸣，夜夜压衾睡。
著书盈简编，颇自矜奇秘。
神骏支公怜，笼鹅右军嗜。

所爱虽不同，玩物宁丧志。
檀郎独胡为，似疾义府媚。
一旦触其怒，束缚遽捐弃。
据座啖牛心，虽然名士气。
当门锄兰草，颇伤美人意。
知君味禅悦，此举非无谓。
吞却死猫头，悟彻无上义。

解 析

本诗的作者和上一篇的吴藻一样，也是一位出生在杭州的才女。经考证，孙荪意应该比吴藻还要大上十几岁，但她三十六岁左右就早逝了。

孙荪意虽然在文章诗词上的名气远不如吴藻，但爱猫之心似乎胜之一筹。她自幼爱猫，未出嫁前遍征古书，辑成了一部《衔蝉小录》。虽然多是辑录原文加以评注，但爱猫之情可想而知。

然而令人不快的是，虽然孙荪意所嫁的丈夫高第是个贡生，并非胸无点墨、粗鲁无文之人，但他非常蛮横粗暴地剥夺了孙荪意养猫的权利，并将她的爱猫丢弃！由此可见，这厮也少有爱心，并非孙荪意之良配。

但是旧时夫为妻纲，孙荪意也不能因为一只猫就和他离异，不过郁闷之际，还是写了这首诗来委婉地表达自己的不满。

诗中从“猫奴虽小畜”开始到“乃知爱猫心，无贵贱巨细”，铺陈罗列了一些古人爱猫的范例：

先说《礼记》中就有“迎猫”一说，古礼是圣人所制，而且古时爱猫人很多，嘉靖皇帝为猫立冢、陆游称其猫为粉鼻、五代画家黄荃画过猫、韩愈文章中写过猫（有《猫相乳说》）、彬师说猫有五德、唐武宗《十玩图》中也有猫，童夫人丢猫后，地方官用金猫偿还，顾媚的猫用沉香棺下葬。

然后从“余亦坐此癖”开始，到“玩物宁丧志”，写自己爱猫的情况。其中说：

我和古时张抟一样的癖好，爱猫成痴，我让猫住在绿纱帐中，亲切地呼它名字。这猫是我用上好的盐郑重聘来的，然后用白小这样的鱼来喂它。可爱的猫白天时时绕在我的膝边来亲昵，晚上就卧在我的被子上睡觉。我曾经写了一本书，专门写猫的事情，古时有晋代的支公好马又好鹤，书圣王羲之喜欢鹅，现在我爱猫，也不过是一种个人爱好罢了，哪里能扣上玩物丧志的帽子呢?

而从“檀郎独胡为”到全诗结尾，孙才女写出其夫扔掉猫的野蛮霸道行为：

老公讨厌猫，说猫是唐朝奸臣李义府（此人有“李猫”的外号），所以当猫不巧惹到了他，他就把猫捆起来扔掉了。那句“据座啖牛心”其实是形容王羲之的典故，这里违心地用来形容其夫。意思说老公您虽然是名士气度，但驱猫这件事，如同“当门锄兰草，颇伤美人意”。

然而，在旧时那个舆论氛围下，孙才女如果因为养猫和其夫吵架，定会被世俗所不容。古时女子没有经济独立能力，嫁人之后，往往受制于人，正所谓：“人生莫作妇人身，百年苦乐由他人。”

最后，孙才女也只能是自我宽解：“知君味禅悦，此举非无谓。吞却死猫头，悟彻无上义”——老公深通禅理，这也为了我好，让我舍弃爱之牵扯，从而领会到佛学之义理。

可怜一生痴爱猫的孙才女，嫁人后不能再养猫！这篇诗虽然给其夫留足了面子，也就“檀郎独胡为”一句有所抱怨，但同为爱猫之人，我还是能理解孙才女当时深深的郁闷和怅惘。

其夫高第，读到孙才女这首诗后，不但不加以悔改，反而写了一首《憎猫诗答茗玉作》，其中谤毁猫，语多悖逆，又臭又长，兹不收录。

〔清〕蔡含《高冠午瑞图》（局部）

左图为清代才女蔡含所画，她继董小宛之后，成为明末清初文学家冒襄的妾。

附：谤猫诗选录

正所谓“千人千面，百人百性”，也有一小撮文人写有谤猫诗若干（相比之下，谤猫文数量更多），此等文字，多斤斤计较于猫不捉老鼠之罪过，并诬以李猫、章惇等奸臣故事，肆口游谈，倒置是非，实腐儒之陋见，兹录数首，以作参考。

鸜鹆猫儿篇

〔唐〕阎朝隐

序：鸜鹆，慧鸟也；猫，不仁兽也。飞翔其背焉，啮啄其颐焉。攀之缘之，蹈之履之，弄之藉之，跄跄然此为自得。彼亦以为自得，畏者无所起其畏，忍者无所行其忍，抑血属旧故之不若。臣叨践太子舍人，朝暮侍从，预见其事。圣上方以礼乐文章为功业，朝野欢娱。强梁充斥之辈，愿为臣妾，稽颡阙下者日万计。寻而天下一统，实以为惠可以伏不惠，仁可以伏不仁，亦太平非常之明证。事恐久远，风雅所缺，再拜稽首为之篇。

霹雳引，丰隆鸣，猛兽噫气蛇吼声。

鸜鹆鸟，同资造化兮殊粹精。

鹔鹴毛，翡翠翼。

鵁雏延颈，鹍鸡弄色。

鹦鹉鸟，同禀阴阳兮异埏埴。

彼何为兮，隐隐振振。

此何为兮，绿衣翠襟。

彼何为兮，窘窘蠢蠢。

此何为兮，好貌好音。

彷彷兮徉徉，似妖姬躧步兮动罗裳。

趋趋兮跄跄，若处子回眸兮登玉堂。

爰有兽也，安其忍，觜其胁，距其胸，与之放旷浪浪兮，从从容容。

钩爪锯牙也，宵行昼伏无以当，遇之兮忘味。

抟击腾掷也，朝飞暮噪无以拒，逢之兮屏气。

由是言之，贪残薄则智慧作，贪残临之兮不复攫。

由是言之，智慧周则贪残囚，智慧犯之兮不复忧。

菲形陋质虽贱微，皇王顾遇长光辉。

离宫别馆临朝市，妙舞繁弦杂宫征。

嘉喜堂前景福内，合欢殿上明光里。

云母屏风文彩合，流苏斗帐香烟起。

承恩宴盼接宴喜，高视七头金骆驼。

平怀五尺铜狮子，国有君兮国有臣。

君为主兮臣为宾，朝有贤兮朝有德。

贤为君兮德为饰，千年万岁兮心转忆。

解　析

唐之前写猫的诗极为少见。《诗经》中的“有熊有罴，有猫有虎”，未必指的就是宠物猫。而除此之外，年代最早的就是阎朝隐的这一首诗了。只不过这首并非是颂猫诗，而是谤猫诗。

这首诗由于阎朝隐滥用典故，堆砌辞藻，写得佶屈聱牙。不少人可能未能详析深究，其实这是一篇严重污蔑猫的诗。

这首《鹦鹉猫儿篇》产生的背景是这样的：我们知道，女皇武则天使用非常残忍的手法杀害了王皇后和萧淑妃。萧淑妃立誓化身为猫，武则天化身为老鼠，报复武则天。

据说武则天听了后心生恐惧，看见猫就害怕，一度禁止宫中养猫。然而，时间久了，特别是武则天后来成了女皇帝，一大群马屁精们鼓吹她是“圣母临人”“弥勒转世”，渐渐武则天的胆气也壮了很多，觉得“大地在我脚下，国计掌于手中，哪个再敢多说话”。多少文武大臣，骄兵悍将都拜服在自己脚下，何况一只小小的猫？也许是武则天怕猫的传闻一度流传，于是武则天为了“辟谣”，专门养了一只与鹦鹉和谐共处，甚至任由鸟儿踩啄也不反抗的猫，在朝堂上展示给大家看。于是这个“马屁精”阎朝隐立刻响应，赋诗颂圣。

这里简单介绍一下阎朝隐，他是赵州栾城人（今石家庄栾城区），进士出身。由于头脑灵活，说话幽默，善于逢迎，深得武则天的青睐。后来，在武则天的男宠张易之的“文化工程”

《三教珠英》里，老阎是其中重要的“笔杆子”之一。

老阎这首诗，正是武则天在群臣面前展示了猫在鹦鹉面前屈服的现象后，立刻写出来颂扬女皇的。我们来简单解析一下：

先说序言，这一段文字说明了当时的场景。鹦鹉名字中有“武”字，当然是武则天的形象代表，所以老阎马上就说它是“慧鸟也”；而曾经萧淑妃曾经立誓化身为猫，故而老阎将我们猫斥为“不仁兽”。

接下来，阎朝隐又写鹦鹉飞到猫的背上，啄猫的脸颊，在猫的身上爬上爬下，踩来踩去，极为自得。但猫十分顺从，一点也不敢反抗。

然后，老阎开始破题引申，大赞武则天“以德服人”，并自炫了一把：“臣叨践太子舍人，朝暮侍从”——自己从早到晚都能在女皇身边当跟班，所以对武则天“以礼乐文章为功业”的事迹十分熟悉（其实纯属瞎写，武则天是靠酷吏杀人来统治），于是天下那些桀骜不驯的人纷纷归附，在女皇的阙下叩首称臣。这事证明聪明的人可以降伏愚笨的人，仁义的人可以降伏不仁义的人，而鹦鹉征服了猫，就是太平之世盛况的明证。我怕随着时间推移，大家会忘了这件盛事，于是写下这首诗。

以上就是小序中的大致内容，接下来老阎开始大肆铺陈，写了一首长诗，内容还是贬低猫，抬高鹦鹉，进而歌颂女皇。

从“霹雳引，丰隆鸣”开始，到“若处子回眸兮登玉堂”，这一段，老阎用了一百多字大赞鹦鹉，其实有些是重复的，比如“同资造化兮殊粹精”，是说一样由天地造化而生，而鹦鹉鸟怎么就这么出众呢？而后面那句“同禀阴阳兮异埏埴”，意思也完全相同。而且像什么“鹔鹴”“鹓雏”“鹍鸡”之类，无非就是神鸟鸾凤之属，拿过来叠床架屋式地形容鹦鹉。中间一段用鹦鹉和猫作对比，夸鹦鹉“绿衣翠襟”“好貌好音”，而猫“隐隐振振”“窘窘蠢蠢”。最后夸鹦鹉活像是“妖姬”（这里的妖是褒义的，指漂亮）、“处子”这一类的大美女。

第二段，从“爰有兽也”到“逢之兮屏气”，是描写猫屈服于鹦鹉的内容，老阎说猫现在老老实实地忍受，鹦鹉用嘴啄它的双肋，用爪子踩它的胸膛，和它放纵地厮混，很是踏实从容，一点也不再怕猫。猫的尖牙利爪，善于夜晚捕食的本领都失去了作用，似乎忘却了鹦鹉这类鸟儿曾是它口中的美味；惯于闪转腾挪的猫，面对从早到晚在它旁边聒噪的鹦鹉，完全不敢抗拒，而是屏息静气地拜服。

第三段，才是这篇诗真正的目的所在，从“由是言之”开始，老阎开始鼓足腮帮子，大吹法螺，不遗余力地赞美武则天，什么“贪残薄则智慧作，贪残临之兮不复攫”“智慧周则贪残囚，智慧犯之兮不复忧”，还是重复上面“聪明降伏愚笨贪婪残暴”那些意思，接下来说鹦鹉本来是“菲形陋质”的贱微之物（一下子推翻了前面用来夸赞鹦鹉的各种好词），只是因为女皇的赏识光彩倍增，这才能够来到皇宫，沐浴皇恩。然后笔锋一转，开始直接赞颂武则天：先是描写了宫殿的华丽作铺陈

（云母屏风、流苏斗帐、金骆驼、铜狮子），再说君臣贤德和睦，最后用一句“千年万岁兮心转忆”作结，意思是这场盛景，以后千秋万代都会记得，成为永恒的追忆！

然而，民间的记录又是怎么样的呢？张鷟在《朝野佥载》中说：“则天时，调猫儿与鹦鹉同器食，命御史彭先觉监，遍示百官及天下考使。传看未遍，猫儿饥，遂咬杀鹦鹉以餐之，则天甚愧。”

这里说，武则天展示猫和鹦鹉时，最终的事实是猫将嚣张的鹦鹉咬死、吃掉了，但这件事在阎朝隐诗中只字不提，要没有张鷟笔记中的这则记录，只看御用文人阎朝隐所说的情况，就会真的以为鹦鹉确实降服于猫了。

责猫二首

〔清〕查慎行

其一

鱼飧饱后似逃逋，长养成群窃肉徒。

孰是汉廷刀笔吏，盍将鼠罪坐狸奴。

其二

老人长夜每醒然，兀坐昏昏抵昼眠。

怪尔也来争此席，公然睡暖旧青毡。

解析

查慎行是清康熙时著名文人，我们课本里选有他的《舟夜书所见》（“月黑见渔灯，孤光一点萤”），想必还有印象。但他对猫似乎怀有深仇大恨，在很多诗中恶毒攻击猫，充满厌猫之意。

这两首诗，第一首说猫吃饱了鱼肉后，就逃避责任，不捉老鼠，简直就是一群专门偷肉吃的家伙。后面所谓“汉廷刀笔吏”，是指张汤小时候因家里被老鼠偷了肉吃而受到父亲责骂，于是张汤就设法捉来老鼠，并像有模有样地宣布了老鼠的罪状后处以极刑。父亲见小张汤成熟得像个大人，当下十分惊奇，预言他是个当法官的料。后来张汤长大了，果然执掌汉朝法令，名列《史记》中的酷吏传。这里说，应该也像张汤审鼠一样，审一下猫。要知道张汤当年对老鼠用的可是“磔刑”（类似凌迟），由此可见，查慎行用心何其毒也！

第二首更显老查之冷酷，诗中先说自己年老之后，睡眠不好，半夜坐起来打盹，这时看到猫也卧在他的床上，于是责怪道：你为什么也来争一席之地，还大模大样地卧在我的旧青毡上！

老查还有一首诗，名为《鹊雏为邻猫所攫》，因为猫吃了一只鸟，就把猫写成“阴藏爪牙毒”的邪恶形象，并恶狠狠地说“汝腹纵暂满，汝肠义当刳”，要将猫剖腹剜肠，若不是一贯对猫怀有刻骨的仇恨，是绝对不会有这样的言论的。

费生（天彭）画耄耋图赠百泉属题戏作（甲午）

〔清〕蒋士铨

世人爱吉祥，画师工颂祷。谐声而取譬，隐语戛戛造。
蝠鹿与蜂猴，戟磬及花鸟。附会必含媚，影射各呈巧。
到眼见猫蝶，享意期寿考。下孕芝轮囷，上覆松夭矫。
百泉旷达人，亦复乐其狡。彭殇理本齐，无寿亦无夭。
何者为荣华，何者是枯槁。仙佛同一死，不死似缥缈。
猫柔而贪残，蝶冶而轻剽。捕鼠职未尽，窃鸡腹已饱。
九坎宁必然，五德则未少。鼻冷但触腥，毛深竟藏蚤。
韩纪掇高第，薛昶作招讨。章惇心手辣，义府笑颦好。
如此获修龄，不若付速老。蝶来吾语汝，陵舄汝克绍。
蛴螬汝同怀，鸲掇汝所抱。无知为有知，此理亦难了。
或为坏裙衣，或为败麦草。或因花幔穿，或逐菜篱绕。
魂归与梦化，寿骨恐难保。猫非汝族类，相耦别酉卯。
我闻独孤陀，猫鬼祀淫嬲。汝蝶名鬼车，服役等舆皂。
然皆聚阴幽，不闻养生道。又闻庄浪驿，番猫铁笼罩。
群鼠伏笼外，不事弄觜爪。此则威可用，庸中见佼佼。
凤翔有义蝶，吊客不可扫。此亦能好贤，匪仅香色搅。
是儿猫不是，画师可能晓。百泉喜博辨，锴铉出江表。
猫事记若干，窃幸说毋剿。过江猫不捕，携此徒扰扰。
不如学庄生，一枕破烦恼。

解 析

蒋士铨是乾隆时期的人物，和袁枚、赵翼同时代，并称为“江右三大家”。从诗题看，这首诗的起因是这样：一个叫费天彭的年轻人（即费生）画了一幅《耄耋图》赠给一个叫百泉的人，然后请蒋士铨题诗，于是老蒋就写了这样一大段的文字。

从诗题上的“甲午”这两个字看，是写于1774年，当时老蒋受聘主持扬州安定书院。在这里他结识了罗聘（“扬州八怪”之一）在内的很多画家，这首诗就写于此时期。

不过，蒋士铨或是喝醉了酒，本来这幅画是用猫和蝴蝶的图来隐喻“耄耋”，他题的这首诗却并没有善祝善颂，反而是大讲什么“仙佛同一死，不死似缥缈”，在这幅祝寿图上赫然写了两个“死”字，实在说不过去。并且中间从“猫柔而贪残”开始收罗猫咪的很多负面元素，说猫不捕鼠，只偷鸡，鼻冷触腥，毛深藏蚤，并列举章惇、李义府等被形容为猫的奸臣，又扒拉出历史上隋朝独孤陀猫鬼那些事情，还有洋猫在铁笼里，众多老鼠来面前戏耍等，充斥了对猫的厌恶之情。

此诗为一首反猫诗。

柒 ………………

激浊扬清

爱猫榜与害猫录

〔元〕佚名《同胞一气图轴》

这一章，让我们将古籍中记载的爱猫以及害猫现象作一个不完整的记录。有道是孔子作《春秋》而乱臣贼子惧，此处一一录下——正邪自古同冰炭，毁誉于今判伪真。

爱猫护猫光荣榜

张 抟

生卒年不详，约为晚唐时人，官至大夫。他酷爱养猫，每当办完公从前庭回到内院的门前时，数十只猫就跑过来迎接他。张抟很善待猫，用绛红色的纱帐围成猫窝，让它们在里面舒适地居住、玩耍。他还给自己的猫起了不少好听的名字。因为他爱猫成痴，于是有人就造谣说张抟本就是个“猫精”。（事见《妆楼记》与《南部新书》）

琼花公主

后唐时公主，生平不详。有记载她从儿童时代就喜欢猫，养有雌雄二猫，白猫嘴边有黑斑名“衔花朵”（一说名“衔蝉奴”），黑猫白尾者名“昆仑妲己”。（事见《清异录》）

何尊师

〔宋〕何尊师《葵石戏猫图轴》（传）

姓名不详，为五代到北宋初年人物。是一位活动于江南地区的隐士。有人问他姓名，他就含糊答“何何”。问他家乡，也是“何何”。于是，人们就尊称他为何尊师。何尊师画猫是一绝,《宣和画谱》有云：凡猫寝觉行坐，聚戏散走，伺捕禽，泽吻磨牙，无不曲尽猫之态度。推其独步不为过也。何尊师曾说猫和老虎差不多，只是“耳大眼黄”这一点不同。因为虎图更受欢迎，人们都觉得何尊师既然画猫如此精妙，改为画虎也不难，但何尊师始终不肯。由此可见何尊师诚为爱猫之人。（事见《宣和画谱》）

童夫人

南宋时人，秦桧孙女，封崇国夫人。她虽为奸臣之后，但非常喜爱一只狮猫。有一天这只猫走丢了，她让临安府到处寻找，又让画工画了狮猫画像百余张，于茶馆等人多的地方四处张贴，重金寻访。（事见《西湖志余》与《老学庵笔记》）

陆　游

陆游（1125—1210），越州山阴（今浙江绍兴）人，南宋文学家、爱国诗人。陆游是资深猫奴，有诸多诗句为证，如“溪柴火软蛮毡暖，我与狸奴不出门”为大众所知，更有“夜长暖足有狸奴”“狸奴毡暖夜相亲”等诸多诗句，足见与猫的感情非同一般。（事见《剑南诗稿》）

明宣宗朱瞻基

朱瞻基（1399—1435），即明代宣德皇帝。自号长春真人，明仁宗长子，在位10年（1426—1435），庙号宣宗，谥号章皇帝。朱瞻基爱猫虽然缺少文字记载，但从遗存的画作诸如《唐苑嬉春图》和《壶中富贵图》等足见他对猫的熟悉程度，定为爱猫之人无疑。

嘉靖皇帝

朱厚熜（1507—1567），明朝第十一位皇帝。嘉靖皇帝虽然算不上有道明君，对宫女也不好（曾经发生过宫女想勒死他的事件），但是他对猫还是有爱心的，史载对一只叫“霜眉”的猫极为受宠，死后用金棺下葬景山，谥号“虬龙”，并命大臣作诔悼之。（事见《万历野获篇》）

毛西河

毛奇龄（1623—1716），原名毛甡，又名初晴，字大可，号秋晴、晚晴等，浙江绍兴府萧山县（今杭州市萧山区）人，以郡望西河，学者称“西河先生”，清初经学家、文学家。他力主将“六畜”中的马换为猫，说是“六畜有马而无猫，然马乃北方兽”，南方不养马，因此“退马而进猫，方为不偏”。（事见《青苔园外集》）

此外，《猫苑》书中记载过有人讨论此事，认为《礼记》是北方人所作，故忽略南方少马的情况。其实我感觉六畜及十二生肖中都没有猫，最可能的原因还是中国历史上猫驯化为人类伙伴的时间比较晚，综观古籍中，隋唐之前少有人们养猫为宠物、相亲相近的记载。

顾　媚

顾横波（1619—1664），原名顾媚，又名眉，字眉生，别字后生，号横波，南直隶上元（今江苏南京）人。明代歌妓，“秦淮八艳”之一，后嫁龚鼎孳。顾媚养的猫去世后，她茶饭不思，极为沉痛，又用沉香木给猫做棺埋葬，并请了十二个尼姑，为猫超度亡灵，足足三天三夜。（事见《觚剩》）

〔元〕佚名《画听琴图轴》

王屿生

王屿生，字子凉，崇祯十三年（1640）进士，曾任如皋知县。《长山县志》记载：“性简静，饲鹿调鹤，积书数万卷，坐卧其下。”他也是个爱猫之人，《猫乘》中曾记载，说他见自己所养的猫喜欢扑蝶，于是下令百姓捉蝶献纳。《聊斋志异》中曾记载过一个成精的蝴蝶训诫他的故事，但没有说明捉蝶是为了爱猫。（事见《猫乘》）

［日］铃木春信《猫、蝶、海獭》

邹泰和

邹升恒，字泰和，江南无锡人。康熙戊戌年进士，官至侍讲学士，著有《借柳轩诗》。他爱猫成癖，每次宴会时，猫和他的孙子坐在他的两侧，有肉菜上来，邹泰和夹一筷子给孙子，再夹一筷子给猫吃，给予同等待遇。在督学河南路过商丘时，

他养的一只猫走丢了，于是下严令让该地官民竭力寻找，当地知县只好出了公文，派人挨家挨户搜查。（事见《随园诗话》）

宋粟儿

生平不详，或是清初期人物，曾为陇西刺史侍姬。爱猫，经常抱猫怀中，不离身边。（事见《觚剩》）

会稽山蔡姓人

生平不详，或为清代初期人物。他隐居在会稽山中，养猫达一千多只，呼之即来，挥之即去，当时的人为之惊叹，以为他是“猫仙”。（事见《谔崖脞说》）

郭太安人

郭太安人，清时人，大约生活在康雍乾时代，为纪昀之舅祖母，曾劝家中丫头不要虐待猫。（事见《阅微草堂笔记》）

王御史父老妾

姓名、生卒年不详，约 1695—1765 年，为辽宁王御史父亲的老妾。她养有十三只猫，爱如儿子，各有乳名，呼之即至。据记载，她七十多岁时病故，这些猫绕棺悲鸣，不饮不食。（事

见《子不语》）

沈棠妾

姓名、生卒年不详，应为清代嘉庆年间人。其夫沈棠嘉庆年间拔贡入国子监成为生员，后在江西崇仁县当官。她曾养几十只猫，各种颜色都有，脖子上挂着小铃，每天猫在一起打闹嬉戏，只听得铃声琅琅。每天的日常花费，在猫身上就占了十分之一。（事见《猫苑》）

杭州金氏母

金家为清乾隆年间人，因猫衔来龙凤钗而致富，于是对猫极为优待。为猫专门建楼居住，养有数百只猫，派数名丫鬟仆人专职喂养，猫死亦有坟冢。可谓生养死葬，与人略同。（事见《猫苑》）

山西富人

姓名、生卒年不详，相传此人因钟爱猫而罹祸，但无论别人如何威逼利诱，都不肯舍弃猫，最终和猫同穴而葬。（事见《见闻录》）

俞青士之母

俞青士之母，姓名、生卒年不详，应为清代道咸年间人。她好猫成癖，家中常蓄猫上百只，为此还雇了一个老婆子专职喂养猫。她的房间里，枕边几上，镜台衣架之间，到处都卧着猫。（事见《猫苑》）

玉环厅某司马

玉环厅，清代温州府所设。这个担任司马一职的官员，姓名不详，生活于清代道咸年间。他养有八只心爱的猫，都是纯白色的，号“八白”，他猫不离身，出行时无论远近，都用紫竹编成的笼子将猫盛了，带在身边，可谓爱猫成痴。（事见《猫苑》）

李松云之女

其父李尧栋（1753—1821），字东采、松云，号松堂，浙江山阴人。后人评论“李中丞尧栋，嘉、道间贤大吏也。官川、滇最久，屡树边绩”，他在四川任职时，当地官员知道其女爱猫，于是进献了几十头好品种的猫，并制作了猫用的小床和锦绣帷帐之类，可见李小姐爱猫之事声名远扬。（事见《猫苑》）

孙平叔孙女

其祖父孙尔准（1770—1832），字莱甫，号平叔，江苏无锡人。嘉庆十年（1805）进士，曾任编修，福建知府，按察使，布政使，广东布政使，皖、粤、闽等省巡抚，闽浙总督等官。据记载，他当闽浙总督时，台湾守令遍寻“美猫”献给其孙女。

史半楼

史台懋，生活于清代道光咸丰年间，字甸循，号半楼，合肥人。有《浮槎山馆诗集》。其诗句“猫起被余温”被很多人叹赏，故有“史猫”之称。此人与猫同卧起，爱猫事迹昭彰。（事见《猫苑》）

王初桐

王初桐（172—1821），原名元烈，字于阳，号竹所，又号红豆痴侬、巏嵍山人，清太仓府嘉定县（今方泰乡）人。他著书40种，共计632卷，其中《奁史》收集历代女子事迹，而《猫乘》则搜罗了历代猫的事迹，早于《衔蝉小录》《猫苑》。

孙荪意

孙荪意（1783—1818），原名琦，字秀芬，一字苕玉，浙江仁和（今杭州）人，清末女诗人。嫁于贡生高第（字颖楼）她八岁即能吟咏，爱猫成痴，未嫁时就写成《衔蝉小录》一书，搜罗典籍中有关猫的章节。

黄　汉

黄汉（?—1853），字秋明，号鹤楼，自号小若山人，清永嘉（今温州鹿城区）人。自小聪明过人，但屡试不第。因家贫不能自存，被迫游幕四方，去过淮安、南闽，居半载之久，在广东待过四年。咸丰二年（1852）因病回家，次年病逝。此人平生爱猫，自己曾写过在冬日制“绵褓”给猫穿，并搜寻资料，著有《猫苑》一书。

害猫谤猫录

高　瓒

隋末唐初时人。此人性情残暴，有一次和一个叫彭阌的人斗豪，他竟然生吃了一只猫！他捉住猫后从尾巴开始咬，吃尽了猫的肠肚，猫还没有完全死掉，惨叫不止。如此灭绝人性之

徒，后来也遭到报应，据说最后的下场是被土匪捉住割肉而死。（事见张鷟《朝野佥载》）

李和子

中唐元和年间恶少，和其父李努眼都是地痞恶霸。他们经常捉别人家的猫狗来吃，约有四百六十只之多。后来传说被冥司追命，他一开始还想着贿赂鬼差，但花了四十万钱后，只延命了三天，就一命呜呼了。（事见段成式《酉阳杂俎》）

南泉和尚

南泉和尚（748—834）是中唐时人物，他作为佛门中人，在处理佛寺中东西两堂的和尚争一只猫时，竟然采取了拿刀斩断猫头颅的做法，十分残忍，犯有杀戒，丝毫不符合出家人的风范。

但因为南泉披着高僧的外皮，所以“南泉斩猫”这事还成为佛家的一段公案故事，实在令人齿寒。正如有人评道：“赵州若在，倒行此令。夺却刀子，南泉乞命！”（事见《景德传灯录》）

杨　夔

唐昭宗光化末（约 900）前后在世，自号“弘农子”，弘农（今河南灵宝）人。能诗，工赋善文。此人在《蓄狸说》中恶毒攻击猫，说猫是野性难驯，惯于背叛主人的动物，把猫比喻成梁武帝时的叛臣侯景，以及晋时背叛并杀害刘琨的段匹磾。此文流传后世，后来又误传为黄庭坚所作，影响恶劣。（事见《全唐文》）

归　系

归系，晚唐时人，状元归佾之弟。暑天他在厅中睡觉，因有只猫惊醒其小儿，归系于是让仆人用木枕将猫拍死，应以故意杀猫罪论处。（事见《太平广记》）

朱　沛

北宋英宗年间人。因喜欢养鹁鸽，见有猫来咬鸽子，朱沛就捉住猫，将猫四肢砍断，任其惨叫辗转多天后死去。朱沛先后杀了十几只猫，血债累累，罪孽深重。（事见《青琐高议》）

唐侩长子

此人生卒年不详，当是宋代人。此人执械行凶，因猫吃他的烤肉，用一把铁火钳，将猫打得头骨碎裂而死。

朱鹤龄

朱鹤龄（1606—1683），明末清初江南吴江人，字长孺，号愚庵。其所著《猫说》一文，暴露了他残害猫的罪行。因家中的猫捕鼠不力，此人就命书童捉住这只猫，锁住脖子，捆住四肢，用皮鞭、竹板之类的东西打了好几顿，最后还残忍地将该猫沉入街边的臭水沟里淹死！“朱犯”可能始料未及，这篇文章成了害猫的自供状，白纸黑字，罪行确凿。

陈淏子

陈淏子，字扶摇，自号西湖花隐翁。籍贯不详，身世朦胧，约明万历四十年（1612）生，卒年不详。此人在《花镜》一书中记载邪方，说给幼猫服硫黄后可耐寒，如误信其言，幼猫必然中毒。此人虽无害猫之心，却有害猫之实。

某村农

姓名不详，当为清代人。该犯于某年冬天，在猫并无过错的情况下，心生歹念，将熔化的锡汁灌到猫喉咙里，将猫活活烫死，并且剥了猫的皮，做了顶帽子。该犯属于杀猫手段极端残忍。（事见《矩斋杂记》）

福建某贵妇

福建某贵妇人，姓名不详，生活于清代中期。喜欢吃猫肉。张网设机，捕杀了无数猫。她吃猫时手段极为残酷，用大瓮盛满石灰，然后将猫扔进里面，再灌上沸水，以方便剥皮，据说这样操作，猫肉里不带污血，吃起来更美味。（事见《阅微草堂笔记》）

苏州某书生

苏州某书生，姓名不详，清代人。因家中猫偷了食物，就捉了猫，用钉子将猫的四个爪子钉在木板上，然后扔到河里。虽然后来猫侥幸被人所救，但此人有杀猫的主观恶意行为，性质也是极为恶劣。（事见《衔蝉小录》）

阳春县某工匠

姓名不详，清代人。该犯于清道光十六年（1836）时在广东阳春县修县衙时，因为猫偷吃了几口自己的饭，于是就捉住猫，把它砌在墙中活活折磨致死。

周安士

周安士，晚清时人。写有《安士全书》，劝人不能养猫，他说养猫捉鼠，是大造杀业。“盖鼠本无害于人，而吾忽兴恶意以害之，是名无缘杀。吾不能害，而假手于猫，是名教他杀。见捕鼠而悦之，是名随喜杀。见捕鼠而称之，是名赞叹杀……”编造了十几条所谓的“养猫是造杀业”的理论，并说“如是无量恶业，皆从畜猫一念基之也，可不严戒乎”，实在是荒谬绝伦。

尚有唐阎朝隐作《鹦鹉猫儿篇》、宋洪适作《弃猫文》、明胡侍作《骂猫文》、清沈起凤和黄之骏作《讨猫檄》（两篇文字大略相同）。虽言语狂悖，但并没有杀猫害猫言论。

〔明〕朱瞻基《壶中富贵图轴》

后记

人莫不有好，吾独爱吾猫

清代文学家韩湘岩在其作品《与张度西书》中写道："养鸟不如养猫，盖猫有'四胜'：护衣书有功，一；闲散置之，自便去来，不劳提把，二；喂饲仅鱼一味，无须蛋、米、虫、脯供应，三；冬床暖足，宜于老人，非比鸟遇严寒，则冻僵矣，四。"

相比于古时，我们养猫的初衷已有很大的改变，楼房里少有老鼠，已不用猫来保护衣服和书籍。所谓"闲散置之"，在都市中已不多见，古人养猫一般让它随意翻墙过瓦，穿窗过户，所以才"不劳提把"——也就是不用亲手照顾之意，但现在养猫人铲屎则是必要任务。喂食猫有猫粮，鸟有鸟粮，所以相比也不见得多省事。至于暖足，现在的人们也早已不需要用猫来当暖宝宝。

那为什么还有这么多爱猫之人呢？除了猫长得好看、毛长体软之外，还有一个原因就是，和猫在一起，彼此单纯可信，始终如一，只要你不厌弃猫，无论贫富美丑，猫是永远不会嫌弃你的。而对于人，感情先浓后淡是常有的事。

也许是爱猫之心被上苍体谅，就在我这本书稿写到一半多的时候，我迎来了家里的新成员——蓝猫能能。能能是我儿子养的一只年方三岁的英短蓝猫，因为儿子和女友都出国，所以就托付给了我们。2022 年 12 月的一个冬日，我开车一千多公里，从杭州将蓝猫能能带到山东。一路上猫在航空箱中很乖，它“越过高山越过平原，跨过奔腾的黄河长江”，终于来到了我们给它准备的新家。

躲在它的被窝里，经历过陌生的一天后，蓝猫能能的胆子就渐渐大了起来，没几天它就将我家的三室一厅全当成了它的领地。虽然我们给它准备了一个单独的房间，打算晚上睡觉时，就各回各屋，互不相扰。

开始倒还相安无事，但是几天后，它就不满意了，不甘心被关在这个十几平米的卧室中。于是，它就拼命挠门，虽然它拧不开门锁，但知道门是从把手这里开的，也一直徒劳地挠动。在监控摄像头中看到这一切后，我终于还是不忍心，从此向它妥协——打开门放它出来，让它自由活动，无拘无碍。

有时半夜时分，蓝猫能能突然又来到我的床边，不住地叫，似乎想要我陪它玩耍。我就强忍着困意，披衣起来，给它捋毛，它就会非常享受地仰躺在地上。这时，我深刻理解到梁实秋先生于冬夜一点钟冒着寒冷下楼给他的白猫王子买茶叶蛋的心情。

不过，正如史铁生先生在《我与地坛》中的那句话："我常以为是众生度化了佛祖。"我有时也觉得不是我陪伴了猫，而是猫陪伴了我，不是我照顾了猫，而是猫照顾了我。

那一天，是我的生日，第一个来到我床边出声问候的，就是蓝猫能能。看着它萌萌的样子，心中的所有块垒，都仿佛像暖阳下的残雪一般，悄然融化。

人莫不有好，吾独爱吾猫。

江湖夜雨（石继航）

2023 年 1 月 26 日